普通高等教育机械类应用型人才及卓越工程师培养规划教材

机械基础实验

郭宏亮　魏衍侠　主　编
张　珂　王锋波　姜永成　副主编
李恒宇　王　涛　刘云平　王勇智　参　编

电子工业出版社
Publishing House of Electronics Industry
北京·BEIJING

内 容 简 介

本书是按照高等工科院校机械类本科学生的培养计划，根据机械基础实验课程教学的基本要求而编写的。全书分为 7 章：绪论、实验数据测量和数据处理、机械零件几何量的精密测量、金属材料性能测定、机械机构的组成和运动、液压与气压传动、机械创新实验。

本书自成体系，系统地介绍了机械基础类课程的基本实验项目、实验方法、实验过程、实验原理等内容。

本书主要作为高等院校机械类及近机类专业的机械基础实验教材，也可供其他有关专业的师生和工程技术人员参考。

未经许可，不得以任何方式复制或抄袭本书之部分或全部内容。
版权所有，侵权必究。

图书在版编目（CIP）数据

机械基础实验/郭宏亮，魏衍侠主编. —北京：电子工业出版社，2016.1
普通高等教育机械类应用型人才及卓越工程师培养规划教材
ISBN 978-7-121-27606-4

Ⅰ．①机…　Ⅱ．①郭…②魏…　Ⅲ．①机械学—实验—高等学校—教材　Ⅳ．①TH11-33

中国版本图书馆 CIP 数据核字(2015)第 277636 号

策划编辑：郭穗娟
责任编辑：郭穗娟　　特约编辑：刘丽丽
印　　刷：北京中新伟业印刷有限公司
装　　订：北京中新伟业印刷有限公司
出版发行：电子工业出版社
　　　　　北京市海淀区万寿路 173 信箱　　邮编 100036
开　　本：787×1 092　1/16　印张：12.75　字数：323 千字
版　　次：2016 年 1 月第 1 版
印　　次：2016 年 1 月第 1 次印刷
定　　价：39.80 元

凡所购买电子工业出版社图书有缺损问题，请向购买书店调换。若书店售缺，请与本社发行部联系，联系及邮购电话：(010)88254888。

质量投诉请发邮件至 zlts@phei.com.cn，盗版侵权举报请发邮件至 dbqq@phei.com.cn。

服务热线：(010)88258888。

《普通高等教育机械类应用型人才及卓越工程师培养规划教材》

专 家 编 审 委 员 会

主任委员 黄传真

副主任委员 许崇海　张德勤　魏绍亮　朱林森

委　　员（排名不分先后）

李养良	高　荣	刘良文	郭宏亮	刘　军
史岩彬	张玉伟	王　毅	杨玉璋	赵润平
张建国	张　静	张永清	包春江	于文强
李西兵	刘元朋	褚　忠	庄宿涛	惠鸿忠
康宝来	宫建红	宁淑荣	许树勤	马言召
沈洪雷	陈　原	安虎平	赵建琴	高　进
王国星	张铁军	马明亮	张丽丽	楚晓华
魏列江	关跃奇	沈　浩	鲁　杰	胡启国
陈树海	王宗彦	刘占军	刘仕平	姚林娜
李长河	杨建军	刘琨明	马大国	

前　　言

　　实验教学是理工科教学中重要的组成部分，是深化感性认识、理解抽象概念、运用基础理论的主要方法，对培养学生实际工作能力、科学研究能力、综合设计与创新能力，具有十分重要的作用。

　　在实验教学的过程中，学生在教师的指导下，根据在理论教学中获得的理论知识，借助实验室的设备、仪器等特定条件，选择适当的方法，对理论中的对象进行实验研究，将其固有的某些属性呈现出来，以揭示其本质及规律，使学生完成从理性到感性、再回到理性的认识过程。实验教学既是加深学生对基本理论的记忆和理解的重要方式，是理论学习的继续、补充、扩展和深化，又是帮助学生扩大知识面的重要手段；也是加强学生的智能培养，增强其获取知识和运用知识的能力，提高其用科学方法进行探索的能力，还可以培养学生具有科技工作者的综合实验能力。基于实验教学的重要性，编者特地编写了本书。

　　本书是按照高等工科院校机械类本科学生的培养计划，根据机械基础实验课程教学的基本要求编写而成的，也是按照单独设置机械基础实验课程的思想而编写的，力求构建系统化的机械基础实验课程体系。本书内容涵盖数据测量与处理的基本知识、互换性与技术测量、工程材料与机械制造基础、材料力学、机械原理、机械设计、液压与气压传动、机械创新设计等课程的基本实验，内容丰富。

　　本书力求加强培养学生的实践操作、数据分析、计算机应用、机电一体化、机械创新设计等能力。全书内容由不同层次模块构成，自成体系，各个院校可以根据自己学校的具体教学实际情况进行取舍。本书可供大、中专工科院校机械类专业（机械设计制造及其自动化、机械电子工程、过程装备与控制、车辆工程等）的师生做基本实验使用。

　　本书由聊城大学郭宏亮和魏衍侠担任主编，编写分工如下：第 1、2 章由郭宏亮编写，第 3 章由张珂编写，第 4 章由王锋波、刘云平编写，第 5 章由王勇智、李恒宇编写，第 6 章由魏衍侠编写，第 7 章由王涛、姜永成（佳木斯大学）编写。全书由郭宏亮统稿。

　　由于本书内容较为广泛、编者水平有限，书中难免有疏漏和不足之处，敬请读者批评指正。

编　者

2015 年 10 月

目 录

第1章 绪论 1
  1.1 机械基础实验在教学中的作用及意义 1
  1.2 实验教学的目的 1
  1.3 实验课程的要求 2

第2章 实验数据测量技术和数据处理 4
  2.1 测量基础概述 4
  2.2 测量基本知识 4
    2.2.1 测量标准 4
    2.2.2 测量的单位 5
    2.2.3 国际单位制 5
    2.2.4 基本单位和导出单位 5
  2.3 基本物理量的测量 6
    2.3.1 力的测量 7
    2.3.2 位移、速度、加速度的测量 9
    2.3.3 温度的测量 15
    2.3.4 转矩的测量 19
    2.3.5 功率的测量 20
    2.3.6 流量测量 22
  2.4 实验数据误差分析与处理 23
    2.4.1 误差的概念 23
    2.4.2 误差的分类 23
    2.4.3 测量精度 24
    2.4.4 有效数字 24
    2.4.5 实验数据处理 25

第3章 机械零件几何量的精密测量 29
  3.1 几何尺寸的精密测量 29
    3.1.1 用立式光学计测量塞规外径 29
    3.1.2 用内径百分表测量内径 33
  3.2 形状和位置误差的测量 35
    3.2.1 合像水平仪测量直线度 35
    3.2.2 用双向自准直仪测量直线度误差 39
  3.3 表面粗糙度测量 43

3.4 角度和锥度测量 ... 47
    3.4.1 万能角度尺的使用 ... 47
    3.4.2 用正弦尺测量圆锥角偏差 ... 51
3.5 螺纹测量 ... 54
3.6 圆柱齿轮参数和误差测量 ... 58
    3.6.1 公法线平均长度偏差与公法线长度变动测量 ... 58
    3.6.2 齿厚偏差测量 ... 62

第 4 章 金属材料性能测定 ... 65

4.1 金属材料表面硬度测定 ... 65
4.2 金属的塑性变形和再结晶实验 ... 70
4.3 铁碳合金试样制备及其平衡组织分析 ... 73
4.4 常用铸铁的显微分析实验 ... 78
4.5 钢的普通热处理实验 ... 81
4.6 钢的淬透性测定实验 ... 84
4.7 金属材料的拉伸、压缩实验 ... 87
4.8 金属材料扭转实验 ... 93
4.9 材料的冲击实验 ... 96
4.10 弹性模量和泊松比测定实验 ... 98
4.11 纯弯曲梁正应力测定 ... 101
4.12 薄壁圆筒弯扭组合应力测定 ... 105

第 5 章 机械机构的组成和运动 ... 111

5.1 常用机构的认识、分析与测绘 ... 111
5.2 渐开线齿轮范成实验 ... 115
5.3 渐开线直齿圆柱齿轮的参数测定 ... 118
5.4 转子动平衡实验 ... 124
5.5 机组运转及飞轮调节实验 ... 128
5.6 螺栓连接综合实验 ... 132
5.7 带传动实验 ... 137
5.8 齿轮传动效率测定 ... 141
5.9 液体动力润滑轴承油膜压力与摩擦测试实验 ... 146
5.10 减速器的拆装与结构分析实验 ... 149

第 6 章 液压与气压传动 ... 153

6.1 液压元件结构观察及方向控制回路实验 ... 153
6.2 液压传动压力控制回路实验 ... 159
6.3 液压传动速度控制回路实验 ... 162
6.4 液压传动多缸运动控制回路实验 ... 167
6.5 液压传动油泵性能测定实验 ... 170

  6.6 液压传动溢流阀静、动态性能实验 ·· 174

  6.7 电气联合控制多缸顺序动作回路演示实验 ·· 179

第 7 章 机械创新设计实验 ··· 182

  7.1 概述 ·· 182

  7.2 机械传动运动参数测试与分析 ·· 184

  7.3 机械传动系统方案的设计 ·· 188

  7.4 CAD/CAM/CAE 综合实验 ·· 191

  7.5 机器人设计与制作综合实验 ·· 192

参考文献 ··· 194

第1章 绪 论

1.1 机械基础实验在教学中的作用及意义

实验教学是理工科教学中重要的组成部分,是深化感性认识、理解抽象概念、运用基础理论的主要方法,对培养学生实际工作能力、科学研究能力、综合设计与创新能力,具有十分重要的作用。

对实验这一概念,从不同的角度有不同的认识和看法,但从实验的本质而言,比较准确的概念应该是指为阐明或检验某一现象,在特定的条件下,观察其变化和结果的过程中所做的工作。也就是说人们按照一定的研究目的,借助某些工具、仪器、设备和特定环境,人为地控制或模拟自然现象,对自然现象和事物进行精确地、反复地观察和测试,以探索内在的规律性。

随着科学技术的发展,实验的广度和深度不断拓展,科学实验具有越来越重要的作用,成为自然科学理论的直接基础。许多伟大的发现、发明和突破性理论都来自于科学实验。实验是理论的源泉、科学的基础,是将新思想、新设想、新信息转化为新技术、新产品的摇篮。

德国著名物理学家、X射线的发现者威廉·康拉德·伦琴曾指出:"实验是最有力量、最可靠的手段,它能使我们揭示自然之谜,实验是判断假设应当保留还是放弃的最后鉴定。"

高校的绝大多数科研成果和高科技产品,均是在实验室中诞生的。科学实验是探索未知、推动科学发展的强大武器,对实验素质和能力要求较高的机械工程专业的学生来说具有重要意义。

1.2 实验教学的目的

1. 验证理论,扩大知识面

在实验教学的过程中,学生在教师的指导下,根据在理论教学中获得的理论知识,借助于实验室的设备、仪器等特定条件,选择适当的方法,对理论中的对象进行实验研究,将其固有的某些属性呈现出来,以揭示其本质及规律,使学生完成从理性到感性、再回到理性的认识过程。实验教学既是加深学生对基本理论的记忆和理解的重要方式,又是理论学习的继续、补充、扩展和深化,是帮助学生扩大知识面的重要手段。

2. 开发智力，培养实验能力

实验教学的核心是加强学生的智能培养，增强其获取知识和运用知识的能力，提高其用科学方法进行探索的能力，也就是培养学生具有科技工作者的综合实验能力。它包括两个方面：一是基本实验能力，要求掌握本专业常用科学仪器的基本原理和测试技术、技巧，熟悉本专业的基本实验方法和一般实验程序、掌握应用计算机的能力等；二是创造性实验能力，所做实验的总体设计、实验方向的选择、实验方案的确定、综合性分析和新知识的探索等。

3. 探索未知知识领域，完善科学理论

实验教学的发展是让学生结合专业实验、毕业设计和毕业论文等，开发部分设计性的和学生自拟的大型综合实验项目，或直接参与科学研究和新产品开发等工作。使实验教学不仅是学习已知的基本理论和培养实验能力，而且是探索未知的知识领域，开发新产品，总结新的科学理论。

4. 加强品德修养，培养基本素质

实验教学在育人方面有其独特的作用。不仅可以授人以知识和技术，培养学生动手能力与分析问题、解决问题的能力，而且影响学生的世界观、思维方法和工作作风。通过实验教学让学生学习辩证唯物主义的观点，树立艰苦奋斗的献身精神，养成实事求是、一丝不苟的严谨作风，培养团结协作、密切配合、讲科学道德的良好思想品德，使学生具备一个科技工作者不可缺少的基本素质。

1.3 实验课程的要求

（1）参加实验的同学在实验前要做好本次实验的预习并写出预习报告。不预习或预习没有达到要求者，不准上实验课。

（2）按时上课，不得迟到、早退或缺课。上实验课时，要提前十分钟进入实验室，以便做好实验前的准备工作。

（3）严格按照实验指导教师的安排和要求，独立认真地完成各项实验任务，并做好实验记录。

（4）在实验的过程当中，要遵守实验室的各种规章制度；爱护仪器设备；注意节约原材料；不要做与实验无关的事情。

（5）各项实验设备在使用前要进行详细检查，实验做完后要及时切断电源，将仪器设备工具等整理摆放好，发现丢失或损坏应立即报告。

（6）要遵守设备仪器的操作规程，注意人身和设备的安全。学生不严格遵守实验室安全操作规程、违反操作规程或不听从教师指导造成他人或自身受到伤害的，由本人承担责任；造成仪器损坏的应按照有关规定进行赔偿。

（7）要保持实验室内和仪器设备的清洁和整齐美观。工作台面要干净并要搞好室内卫生。

（8）在离开实验室之前，要主动要求指导教师查验仪器设备等，并由指导教师在课内用纸上签字。

（9）对实验结果要进行分析、整理和计算，认真填写实验报告并及时递交实验报告。不得弄虚作假，不得抄袭他人的实验记录和实验报告。若有违反者，则取消该实验课成绩。

第 2 章　实验数据测量技术和数据处理

2.1　测量基础概述

测量一般是指使用计量器具测定各种物理量的过程和行为,是生产活动和工程技术不可或缺的技术基础。工程中经常会涉及力、压力、位移、速度、加速度、温度、功率、转矩和流量等基本物理量的测量。

一个完整的测量过程应包括测量对象、计量单位、测量方法和测量精确度 4 个要素。

1）测量对象

测量对象可以是力、长度、质量、时间、温度等基本物理量,也可以是速度、加速度、功率等导出量。

2）计量单位

计量单位（简称单位）是以定量标示同种量的量值而约定采用的特定值。

3）测量方法

测量方法是指测量时所采用的方法、计量器具和测量条件的综合。在实施测量过程中,应该根据测量对象的特点（如外形尺寸、生产批量、制造精度等）和测量参数的定义来拟定测量方案、选择测量器具和规定测量条件,合理地获得可靠的测量结果。

测量方法可以分为以下几种。

（1）直接测量：通过与标准值进行直接比较得到被测量值,如用游标卡尺测量长度等。

（2）间接测量：通过使用一个标定的系统做间接比较,如功率测量等。

（3）静态测量：被测物理量不随时间发生变化,如物体质量的测量。

（4）动态测量：被测物理量随时间发生变化,如冲击力的测量。

（5）接触测量：测量过程中仪器的测量头与被测量物体直接接触,如液体压力测量等。

（6）非接触测量,测量过程中仪器的测量头与被测量物体之间没有直接接触,如红外测温等。

测量仪器通常包括传感元件、信号转换、处理单元和输出单元等部分。

4）测量精确度

测量精确度是测量结果与真值的一致程度。任何测量过程不可避免地会出现测量误差,不考虑测量精度而得到的测量结果是没有任何意义的。对于每一个测量值都应给出相应的测量误差范围,说明测量结果的可信度。

2.2　测量基本知识

2.2.1　测量标准

一般而言,测量结果的获取是通过一个预定标准与一个被测量之间的定量比较获得。

测量标准主要包括国际标准（ISO）和国家标准（GB）。测量标准充分强调了测量的四个基本特性，即测量不确定度、稳定性、重复性和再现性。

（1）测量不确定度：指表征合理赋予被测量值的分散性。

（2）稳定性：指计量器具保持其计量特性随时间恒定的能力。

（3）重复性：指在相同测量条件下（包括测量程序、测量仪器、测量人员、测量地点、短时间内重复测量等），同一被测量连续多次测量结果之间的一致性，可以用测量结果的分散性定量表示。

（4）再现性：指在已改变的测量条件（测量原理、测量方法、测量仪器、测量标准、测量地点、测量人员、测量时间等）下，同一被测量的测量结果之间的一致性，可以用测量结果的分散性定量表示。

2.2.2 测量的单位

为了测量某物理量且得到一个被他人承认和理解的测量结果，必须经过双方协议建立一个基本的测量单位。当使用数字来对物质的属性进行量化时，需要一个能够用于这些物理量的单位制，这个单位制应该具有以下特征：

（1）全面详尽。

（2）国际公认并广泛采用。

（3）使用方便。

（4）能够定期审核和修正。

在科学技术领域，国际单位制是被国际上广泛使用的最通用的单位制，通常简称为SI。

2.2.3 国际单位制

国际单位制是在米制基础上发展起来的单位制，于1960年第十一届国际计量大会通过，推荐各国采用。1972年6月，国际标准化组织（ISO）批准国际标准ISO 1000，称为SI单位，以及采用它们的倍数和某些其他单位的建议，该单位制经常被称为米制。它是由一组选定的基本单位和由定义公式与比例因数确定的导出单位所组成的。

我国国家标准GB 3100—1993《国际单位制及其应用》、GB 3101—1993《有关量、单位和符号的一般原则》，对国际单位制（SI）的单位使用方法做了规定。

2.2.4 基本单位和导出单位

国际单位制有三级测量单位：①基本单位；②辅助单位；③导出单位。国际单位制SI由7个基本单位组成，如表2-1所示。国际单位制有两个辅助单位，即弧度（rad）和球面度（sr）。由国际单位制基本单位组合而产生的单位称为导出单位。例如，平均速度v由距离l和时间t通过下面的等式组合而成，即

$$v = \frac{l}{t} \tag{2-1}$$

由基本单位可得平均速度的单位，即速度单位 = $\dfrac{m}{s}$，也可以写作 m/s 或 m·s^{-1}。有些导出单位没有专有的名称，有些则有其专有单位名称，如力（牛顿），能量（焦耳），在表2-2中给出了国际单位制中部分常用的导出单位。

表2-1 国际单位制中的基本单位

量的名称	物理量符号	单位名称	单位符号
长度	l	米	m
质量	m	千克	kg
时间	t	秒	s
热力学温度	T	开尔文	K
电流	I	安培	A
物质的量	n（V）	摩尔	mol
发光强度	I（IV）	坎德拉	cd

表2-2 国际单位制中的部分常用导出单位

量的名称	单位名称	单位符号	用 SI 基本单位表示法
力	牛顿	N	kg·m·s^{-2}
压力	帕斯卡	Pa	kg·m^{-1}·s^{-2}
力矩	牛顿米	M	N·m
能量、功	焦耳	J	kg·m^2·s^{-2}
功率	瓦特	W	kg·m^2·s^{-3}
速度	米每秒	v	m·s^{-1}
加速度	米每二次方秒	a	m·s^{-2}
角速度	弧度每秒	ω	rad·s^{-1}
角加速度	弧度每二次方秒	ε	rad·s^{-2}
频率	赫兹	Hz	s^{-1}
电势差、电压	伏特	V	kg·m^2·s^{-3}·A^{-1}
电荷	库仑	C	s·A
电容	法拉	F	kg^{-1}·m^{-2}·s^4·A^2
电阻	欧姆	Ω	kg·m^2·s^{-3}·A^{-2}
电导	西门子	S	kg^{-1}·m^{-2}·s^3·A^2
电感	亨利	H	kg·m^2·s^{-2}·A^{-2}
磁通	韦伯	Wb	kg·m^2·s^{-2}·A^{-1}
磁感应强度	特斯拉	T	kg·s^{-2}·A^{-1}
面积	平方米	A（S）	m^2
密度	千克每立方米	ρ	kg/m^3

2.3 基本物理量的测量

在机械工程领域有很多种物理量，最常见的基本物理量有力、力矩、位移、速度、加速度、温度、功率和流量等。这些物理量的组合体现了机械部件或机械系统状态的基本信息，对这些基本物理量的测量可以评判（直接或间接）机械系统的状态和属性。机械基础实验的主要内容就是对上述这些基本物理量进行测量。

2.3.1 力的测量

力的测量在机械工程领域的应用非常普遍，力的测量如物体运动过程中的摩擦力测量，机械加工过程中的切削力测量等。从国际单位制可以看出，力不是一个基本单位，而是导出单位。根据牛顿第二定律，使1kg质量的物体产生1 m/s的加速度所需要的力定义为1N（牛顿，简称牛）牛顿单位之间的关系为1MN（兆牛）= 10^6N，1kN（千牛）=10^3N，1mN（毫牛）=10^{-3}N，1μN（微牛）=10^{-6}N，1nN（纳牛）=10^{-9}N。

力的测量大多数是借助于测力传感器来进行的。测力传感器的种类有很多，按工作原理可分为电阻应变式、压电式、电感式、压磁式和压阻式等，表2-3列出了常用测力传感器的情况。

表2-3 常用测力测量方法

力传感器类型	测量原理	测量范围	应用场合	测量特点
电阻应变式	基于电阻应变片受力产生应变而导致电阻变化	N～MN	静态、准静态、动态力	测量方便、简单、惯性小、频率响应好、温度特性稍差
压电式	基于石英晶体受外力作用而产生电荷	mN～MN	准静态、动态、瞬态力	灵敏度高、线性度好、动态特性好
电感式	基于弹性元件受力产生位移而导致电感量变化	mN～MN	动态力	灵明度高、零点附近非线性大
电容式	受力元件作为电容的一部分，受力导致电容变化	N～MN	静态、动态力测量	灵敏度较高、主要用于大载荷测量
压磁式	测量磁铁材料受力引起磁阻变化	kN～MN	静态、准静态	抗干扰好、线性度好、适用于恶劣工况，用于大载荷测量
压阻式	基于掺杂半导体材料受力产生电阻率变化	mN～MN	静态、动态	体积小、质量轻、适合恶劣条件、受温度影响较大

1. 电阻应变式力传感器

电阻应变式力传感器（图2-1）是被测力作用在弹性元件上，而它的变形又被其上的电阻应变片所感受，即通过被测力引起应变片伸缩变形导致电阻变化来获得应变，进而得到应力和力。

电阻应变片的结构如图2-2所示，一般由敏感栅（金属丝或箔）、引出线、黏合剂、覆盖层和基底组成。敏感栅是转换元件，它把感受到的应变转换为电阻变化；基底是用来将弹性体表面应变准确地传送到敏感栅上，并起到敏感栅与弹性体之间的绝缘作用；覆盖层起着保护敏感栅的作用；黏合剂是把敏感栅与基底粘贴在一起；引出线连接测量导线。工作时，将应变片用黏合剂粘贴在弹性体上，弹性体受外力作用变形所产生的应变就会传递到应变片上,从而使应变片电阻值发生变化,通过测量阻值的变化,就能得知外界测量力的大小。贴片时,应选择最能反映被测应力的位置布片,且应沿主应力方向贴片,避开非线性区。

图 2-1 电阻应变式力传感器

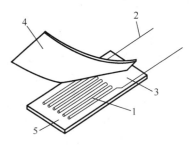

图 2-2 电阻应变片结构示意

1—敏感栅;2—引出线;3—黏合剂;4—覆盖层;5—基底

在实际应用中,通常采用测量电桥将应变片的电阻变化量转换成电信号,如图 2-3(a)所示。采用直流电源的测量电桥根据不同的连接方式可以分为半桥单臂连接、半桥双臂连接和全桥连接等,其连接方式分别如图 2-3(b)、图 2-3(c)、图 2-3(d)所示。通常情况下,测量电桥中各电阻具有相同的阻值,即 $R_1 = R_2 = R_3 = R_4 = R_0$,设为 U_0 和 R_0 定值,则有

$$U = (\Delta R_1 - \Delta R_2 + \Delta R_3 - \Delta R_4)\frac{U_0}{4R_0} \tag{2-2}$$

式中,ΔR_1,ΔR_2,ΔR_3,ΔR_4 分别为电阻 R_1,R_2,R_3,R_4 的变化量。

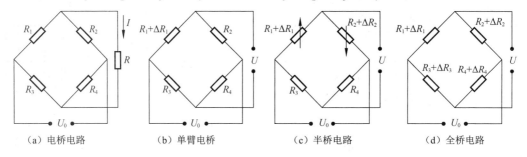

(a) 电桥电路　　　　(b) 单臂电桥　　　　(c) 半桥电路　　　　(d) 全桥电路

图 2-3 直流测量电桥与其连接方式

式(2-2)反映了测量电桥的和差特性,即相对两桥电阻变化所产生的输出电压等于该两桥臂阻值变化所产生的输出电压之和,相邻两桥臂电阻变化所产生的输出电压等于该两桥臂阻值变化所产生的输出电压之差。

对于半桥单臂电桥,可得

$$U = \frac{\Delta R U_0}{4R_0} \tag{2-3}$$

对于半桥双臂电桥,若 $\Delta R_1 = -\Delta R_2 = \Delta R$,则

$$U = \frac{\Delta R U_0}{2R_0} \tag{2-4}$$

对于全桥，若 $\Delta R_1 = -\Delta R_2 = \Delta R_3 = -\Delta R_4 = \Delta R$，则

$$U = \frac{\Delta R U_0}{R_0} \tag{2-5}$$

值得注意的是，电阻应变片力传感器是靠电阻值来度量应变和应力的，存在温度影响应变片电阻变化的温度效应，因此，在有较大温度变化的场合，应按和差特性布置补偿应变片接入电路电桥，以消除温度的影响。

2. 电感式传感器测力

电感式力传感器是利用磁性材料和空气磁导率不同，压力作用在膜片上靠膜片改变空气气隙大小，去改变固定线圈的电感，电路中这种电感变化变为相应的电压或电流输出，将测量力变为电量达到测力的目的。

电感式力传感器按磁路的特性可分为变磁阻和变磁导两种。它的特点是灵敏度高、输出较大、结构牢固、对动态加速度干扰不敏感，但不适用于高频动态测量，测量仪器较笨重。

3. 压阻式半导体传感器测力

压阻式半导体力传感器是由平面应变传感器发展起来的一种新型传感器。在国内外受到普遍的重视，它的特点是结构简单、频响高、体积小、灵敏度高、输出电平大。

传感器的核心部件是一个硅膜片，它是用集成电路工艺在膜上制成四个等值电阻，组成惠斯登电桥。硅片被支撑在一个硅环上，当力施于硅膜片时，由于硅的压阻效应，使四个桥臂阻值发生了变化，造成电桥不平衡，即得相应的电压输出。工作时，膜片感受力的作用而产生变形，应力在膜片不同位置上有很大差异。在膜片受力时，边缘和中心区域的应力最大，且方向相反，因而电桥基本电阻应放在这一区域。

2.3.2 位移、速度、加速度的测量

位移、速度、加速度是描述物体运动的重要参数。位移是一个基本测量量纲，可以直接测量，速度和加速度是导出量纲，需要间接测量。

位移分为直线位移和角位移；速度可分为线速度和角速度，也可分为瞬时速度和平均速度；加速度可以分为线加速度和角加速度，也可分为瞬时加速度和平均加速度；位移、速度、加速度的测量为其他机械量的测量提供了重要的基础，因而在机械测量中占有重要的地位。

1. 位移的测量

位移的测量是一种最基本的测量工作，它的特性是测量空间距离的大小。按照位移的特征，可分为线位移和角位移。线位移是指机构沿某一条直线移动的距离，角位移是机构沿着某一定点转动的角度。这里列出常用的位移测量方法如表2-4所示。

表 2-4　常用的位移测量方法

测量方法	测量原理	分辨力	测量范围	测量特点和适用场合
光栅位移测量	基于莫尔条纹的位移放大作用	0.1μm	$1\sim10^3$ $0°\sim360°$	动、静态数字化测量、大位移、高精度，适用于线位移和角位移
电感式	基于测量电感量的变化而获得位移量	0.1μm	$1\sim10^3$	动、静态接触测量、适用于线位移测量
电容式	基于位移量变化而导致的极板电容量改变	0.01μm	$1\sim10^2$	动、静态接触测量、适用于小范围线位移测量
压电式	基于石英晶体的压电效应产生的电荷测量	0.1μm	1	动态、小位移测量
电阻式	基于位移量变化导致的电阻值的变化	0.01μm	$1\sim10^3$ $0°\sim360°$	动静态测量、简单、方便，适用于线位移和角位移测量
电涡流式	基于电涡流效应，将非电量转换为阻抗变化	0.1μm	$0\sim80$	结构简单、体积小、抗干扰能力强、灵敏度高、非接触测量
角度编码器	基于编码盘上细微刻线间光线透过和遮蔽测量	360/6000	$0°\sim360°$	精密角位移测量

2. 速度的测量

速度的测量分为线速度和角速度的测量。

1) 线速度的测量（m/s）

线速度的测量方法主要有光束切断法和多普勒频移法。

（1）光束切断法。光束切断法是一种非接触式测量方法，测量精度较高，主要适用于定尺寸材料的平均线速度测量。其基本原理是由两个固定距离为 L 的检测器实现速度检测。检测器由光源和光接收元件组成。被测物体以速度 v 行进时，它的前端在通过第一个检测器的时刻，由于物体遮断光线而产生输出信号，由这个信号驱动脉冲计数器，计数器计数至物体到达第二个光学检测器时刻，检测器发出停止脉冲计数信号。由检测器间距 L、计数脉冲周期 T 和个数 N，则可求出物体的行进速度，即

$$v = \frac{L}{NT} \tag{2-6}$$

（2）相关法。相关法检测线速度是利用随机过程互相关函数确定运动时间的方法进行，相关测速仪主要由两个相距 L 相同的传感器（如光电传感器、超声波传感器）、可控延时环节、相关运算环节、相关函数峰值自动搜索跟踪环节和除法运算环节等组成。被测物体以速度行进，在靠近行进物体处安装两个相距 L 相同的传感器，当随机过程是平稳随机过程时，$y(t)$ 的波形与 $x(t)$ 是相似的，只是时间上推迟了 t_0（$=L/v$），即

$$y(t) = x(t-t_0) R_{xy}(\tau) = \lim_{T \to \infty} \frac{1}{T} \int_0^T x(t-\tau) y(t) \mathrm{d}t$$
$$= \lim_{T \to \infty} \frac{1}{T} \int_0^T x(t-t_0) x(t-\tau) \mathrm{d}t = R_x(\tau - t_0)$$
(2-7)

其物理意义是 $x(t)$ 延迟 t_0 后变成 $x(t-t_0)$，其波形将与 $y(t)$ 几乎重叠，因而互相关值有最大值。

（3）多普勒频移法。多普勒频移法是根据物理学中的多普勒效应，即当光源和发射体（或散射体）之间存在相对运动时，接收频率与入射频率存在差异的现象。当一束单色光入射到运动的物体上某点时，光波在该点被散射，散射光频率相对于入射频率，产生正比于物体运动速度的频率偏移，由此可以通过测量该频率偏移可得到物体的运动速度。该方法测量的范围为 0～100m/s，测量的分辨力可达 1mm/s。

2）角速度的测量（rad/s）

角速度又称为转速，在机械系统中，大量采用回转体部件，因而转速测量在机械测量中占据非常重要的地位。常用的转速测量方法有机械法、光学法、闪频法、磁电法等，如表 2-5 所示。

表 2-5 常用的转速测量方法

测量类型	测量原理	适用范围	测量特点	测量仪器
机械式	用离心力与拉力的平衡来指示转速	低、中、高速	直观、可靠耐用、体积小	离心式转速表
磁电式	转轴带动磁性体旋转产生计数电脉冲，其脉冲数与转数成比例	中、高速、最高速可达 48000r/min	机构复杂，精度高	数字式磁电转速计
光电式	利用转动圆盘的光线使光电元件产生脉冲	中、高速、最高速可达 48000r/min	没有扭矩损失、机构简单	光电脉冲转速计
闪频法	用已知频率的闪光来测出与旋转体同步的频率（旋转体转速）	中、高速	没有扭矩损失	闪光测速仪
旋转编码盘	把码盘中放映转轴位置的码值转换成电脉冲输出	低、中、高速	数字输出，精度高	光电式码盘
测速发电机（直流、交流）	激磁一定，发电机输出电压与转速成正比	中、高速、最高可达 10000r/min	可远距离指示	交直流测速发电机

（1）机械法。机械法测量转速最常用的装置是离心式转速表，如图 2-4 所示。离心式转速表的工作原理主要是离心力和拉力之间的相互作用，原理图如图 2-5 所示。通过传动系统带动指示部件，来对被测物体的转速进行指示。离心式转速表在测量机械设备的转速时，转轴会随着被测对象转动，并带动离心器上的重物进行旋转运动，而重物在惯性离心力的作用下就会离开轴心，传动系统受重物的拉力后，就会带动指针从零刻度开始移动。离心式转速表的弹簧会对受离心力作用的重物施加反作用力，当离心力和拉力之间达到平衡时，传动系统的受力不再增加，指针的移动也就停止，当指针稳定后所指示的刻度值，即被测对象的转速值。

（2）闪频法。物体在人的视觉中消失后，人的眼睛能保留一定时间的视觉印象（视后效），通常光度条件下，视后效的持续时间为 1/15～1/20s，因而若来自被观察物体的刺激信号是脉冲信号，且脉宽小于 1/20，则视觉印象来不及消失，从而给人以连续而固定的假象，这种现象称为闪频效应。

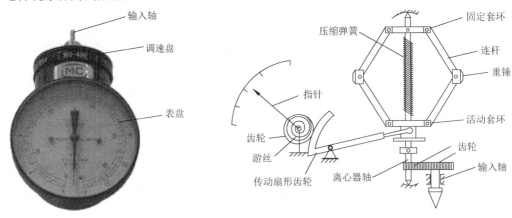

图 2-4 离心式转速表　　　　图 2-5 离心式转速表原理

闪频法测量转速就是根据闪频效应原理，用一个频率连续可调的闪光灯照射被测旋转轴上的某一固定标记，调节闪光频率，直到旋转轴上出现一个单定像为止，这时便可从电子计数器或圆刻度盘上读出被测的转速。

（3）光电法。光学法测量转速的原理是根据光源发射出的光被待测目标反射或透射后，由光敏元件接收，产生相应的电脉冲信号，经过处理得到转速。光学法测量简单、操作方便，且精度高，因而得到广泛应用。

（4）磁电法。横穿导磁体的磁通发生变化时，该导体将产生电动势，这种现象称为电磁感应作用，产生的电压称为感应电动势，测速发电机是利用电磁感应原理制成的一种把转动的机械能转换成电信号输出的装置，其核心为一对定子和转子，转子与被测旋转轴连接，当其旋转时切割磁力线产生感应电动势，感应电动势的大小与转速成正比，从而通过测量输出电压即可测得转速。与普通发电机不同之处是它有较好的测速特性，例如，输出电压与转速之间呈较好的线性关系，较高的灵敏度等。测速发电机分为直流和交流两类，磁电法主要用于测量发电机的转速。

当安装在被测转轴上的导磁体旋转时，其依次通过永久磁铁两磁极间的间隙，使磁路的磁阻和磁通发生周期性变化，从而在线圈上感应出频率和幅值均与转轴转速成比例的交流电压信号。

3. 加速度的测量

加速度是表征物体在空间运动本质的一个基本物理量。因此，可以通过测量加速度来测量物体的运动状态。加速度测量被应用于现代生产生活的许多方面，如手提电脑的硬盘抗摔保护；数码相机和摄像机中用来检测拍摄时的手部的振动，自动调节相机的聚焦；汽车安全气囊、防抱死系统、牵引控制系统等安全性能方面等。加速度测量也有两类：一种是角加速度测量，主要是由陀螺仪（角速度传感器）的改进而来；另一类就是线加速度测量。

常用的加速度测量方法如表 2-6 所示。

表 2-6 常用的加速度测量方法

测量方法	测量原理	测量精度/%	测量范围/($m \cdot s^{-2}$)	测量特点
压电式	基于石英晶体的压电效应产生的电荷测量	5	$10^{-4} \sim 10^5$	中、高频
磁电式	基于测量电感量的变化而获得位移量	3～5	<1	低频
电容式	基于加速度而导致的极板电容量的改变	2	$10^2 \sim 10^3$	中、低频
压阻式	基于加速度导致半导体材料电阻值率的变化	0.05～0.1	$0 \sim 10^5$	低、中、高频
应变式	基于加速度引起的电阻应变测量	2	$0 \sim 10^2$	低频

1) 压电式加速度测量

压电式加速度传感器（见图 2-6）在加速度测量中非常普遍，属于惯性式传感器。压电式加速度传感器是基于压电晶体的压电效应工作的。某些晶体在一定方向上受力变形时，其内部会产生极化现象，同时在它的两个表面上产生符号相反的电荷；当外力去除后，又重新恢复到不带电状态，这种现象称为"压电效应"，具有"压电效应"的晶体称为压电晶体。常用的压电晶体有石英、压电陶瓷等。压电式加速度传感器的原理是利用压电陶瓷或石英晶体的压电效应，在加速度计受振时，质量块加在压电元件上的力也随之变化，如图 2-7 所示。当被测振动频率远低于加速度计的固有频率时，则力的变化与被测加速度成正比。压电式加速度传感器具有较宽的测量范围和优良的频响特性，通常不用于进行稳态加速度测量。

图 2-6 压电式加速度传感器

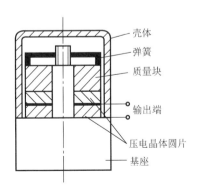

图 2-7 压电晶体加速度传感器原理

2)电容式加速度测量

电容式加速度传感器是基于电容原理的极距变化型的电容传感器,如图 2-8 所示。电容式加速度传感器是目前比较通用的加速度传感器。它是通过弹簧片支撑的质量块作为差动电容器的活动极板,并利用空气阻尼。电容式加速度传感器的特点是频率响应范围宽,测量范围大。在某些领域无可替代,如安全气囊、手机移动设备等。电容式加速度传感器/电容式加速度计采用微机电系统(MEMS)制造工艺,在大量生产时将变得更加经济,从而保证了较低的成本。

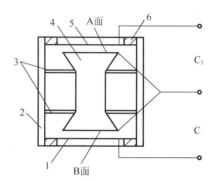

图 2-8 电容式加速度传感器原理
1—下固定极板;2—客体;3—簧片;4—质量块;5—上固定极板;6—绝缘体

3)压阻式加速度测量

压阻式加速度传感器是压阻式加速度传感器的弹性元件,均采用微机械加工技术形成硅梁外加质量块的形式,质量块由悬臂梁支撑,并在悬臂梁上制作电阻,连接成测量电桥,利用压阻效应来检测加速度。在惯性力作用下质量块上下运动,悬臂梁上电阻的阻值随应力的作用而发生变化,引起测量电桥输出电压变化,以此实现对加速度的测量。该结构形式的传感器示意如图 2-9 所示。压阻式硅微加速度传感器的典型结构形式有很多种,有悬臂梁、双臂梁、梁和双岛梁等结构形式。

压阻式加速度传感器体积小、频率范围宽、测量加速度的范围宽,直接输出电压信号,低功耗,易于集成在各种模拟和数字电路中,不需要复杂的电路接口,大批量生产时价格低廉,可重复生产性好,可直接测量连续的加速度和稳态加速度,但对温度的漂移较大,对安装和其他应力也较敏感等特点。广泛应用于汽车碰撞实验、测试仪器、设备振动监测等领域。

4)应变式加速度测量

图 2-10 所示为应变式加速度测量传感器的原理示意图。其工作原理是,当传感器随被测物体运动时,悬臂梁 3 在惯性力的作用下发生弯曲变形,使贴在悬臂梁上的应变片产生的应变值与运动加速度成一定比例,从而通过测量应变的变化即可得到被测加速度。

与压电式加速度传感器相比,应变式加速度传感器频响较低,比较适用于进行稳态加速度测量。

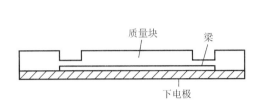
图 2-9　压阻式加速度传感器示意

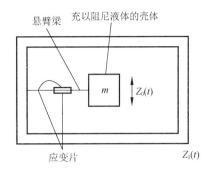
图 2-10　应变式加速度传感器示意

2.3.3　温度的测量

温度是表征物体冷热程度的物理量，是工业中一个重要而又普遍的参数。机械系统的行为，以及系统中部件材料的性能与温度密切相关，而系统中零部件表面和内部的温度变化直接反映了系统的能量和系统状态的变化。在许多生产过程中，常常又需要使物料和设备的运转状态处于某一定的温度范围，因此，温度的测量和控制，对保证产品质量、提高生产效率、节约能源起着非常重要的作用。

1. 温标

用来量度物体温度数值的标尺称为温标。它规定了温度的读数起点（零点）和测量温度的基本单位。目前国际上用得较多的温标有华氏温标、摄氏温标、热力学温标。

（1）华氏温标（℉）：1715 年由德国物理学家 Fa hrenheit 提出，他将水、冰和氯化铵的混合物平衡温度定义为 0℉，冰的溶点为 32℉，水的沸点为 212℉。

（2）摄氏温标（℃）：1742 年由瑞典天文学家提出，他将水的冰点和沸点分别定为 0℃ 和 100℃。

（3）热力学温标（K）：1828 年由英国物理学家提出，他将水的三态点的热力学温度的 1/273.16 定义为 1K，国际单位制以此为基础。

三种温度之间的换算关系为

$$\frac{T}{\text{℉}} = 1.8 \frac{t}{\text{℃}} + 32, \tag{2-8}$$

$$\frac{T}{\text{K}} = \frac{t}{\text{℃}} + 273.15 \tag{2-9}$$

2. 温度测量

温度不像长度、质量等基本物理量，可以直接与标准比较得到，不能通过与标准量的比较而直接测出。自然界的许多物质的物理特性如长度、电阻、容积、热电势、磁性能、频率和辐射功率等都与温度有关。测温就是通过测量物质的某些物理参数随温度的变化而间接地测量温度的。

接触式测温与非接触式测温各有特点：接触式测温结构简单稳定可靠，测量精确，成本低，可以测得物体的真实温度，而且还可以测得物体内部某点的温度。但滞后现象一般较大,且不适用于测量小物体、腐蚀性强的物体,以及运动着物体的温度。由于受耐高温材料限制,一般不用于测量很高的温度。属于这类传感器的主要有热膨胀式温度计、热电阻、热电偶等。非接触式测温是通过被测对象的热辐射进行的,所以反应速度快,适用于测量高温和测量有腐蚀性的物体,也可以测量导热性差的、微小目标的、小热容量的、运动的物体,以及各种固体、液体表面温度。但由于受物体的发射率、被测对象与仪器之间距离、烟尘和水蒸气等因素影响,测温准确度较差,使用也不甚方便。这类传感器主要有辐射温度计、光学高温计、红外温度计等。表 2-7 给出了工业用各种温度传感器的基本情况。

表2-7 常用温度测量方法

种类	测量原理	测温范围/℃	测量特点
水银温度计	热膨胀	−30~500	使用方便、价廉、易损、不能用于记录、远传和自控
有机液体温度计		−200~100	
压力式温度计		−250~550(气体) −200~350(液体) −50~200(蒸汽)	可用于远距离测量,能记录报警、自控,稳定性差
双金属温度计		−100~600	机械强度大,能记录、报警和自控
铜热电阻温度计	热阻变换	−50~150	精度高,能做远距离、多点测量和记录、报警、自控。不能测量很高温度
铂热电阻温度计		−200~850	
镍热电阻温度计		−100~300	
半导体温度计		−50~450	
铂铑 10-铂热电偶	热电效应	0~1600	精度高,能做远距离、多点测量和记录、报警、自控,测温范围宽,需冷端补偿
铂铑 30-铂铑 6 热电偶		300~1800	
镍铬-镍硅热电偶		0~1300	
铜-康铜热电偶		−200~400	
红外温度计	黑体辐射定律	−40~3300	非接触测量,测量范围广
光学高温计	光学变化	800~2300	非接触测量,有人为误差
辐射温度计	热辐射	100~2000	非接触测量,测量范围广

3. 常用测量方法

1)热膨胀式温度测量

热膨胀式温度测量是利用物体随温度变化体积发生改变的性质进行测温,多用于现场的温度测量和显示。通常选用体积温度变化敏感的物体做温度计,按选用物质的不同,分为液体膨胀式、气体膨胀式和固体膨胀式三大类。这类温度计结构简单,制造和使用方便,但结构脆弱、易坏,不易于远距离测温,不能无接触测温。

(1)玻璃管液体温度计。玻璃管液体温度计的测温原理是通过测量封闭在细玻璃感温泡内的液体(如水银、酒精等)在温度变化时,由热胀冷缩而引起的液柱升高和降低来测量温度的,一般用于低温和中温的温度测量。它是最常用的一类温度计,其特点是结构简单、价格便宜、测量直观。

（2）压力式温度计。压力式温度计是利用封闭在高导热材料壳体（温包）内部的液体、气体或某种液体的饱和蒸汽受热后体积膨胀，压力随温度变化的线性关系，进而通过测量压力的变化来进行测温的。压力式温度计易受周围环境温度的影响，测量精确度不是很高，而由于气体、液体的导热性较差，传递压力的滞后现象严重，不适用于测量物体温度变化较快的场合。

（3）双金属温度计。如图 2-11 所示，双金属型温度计由线膨胀系数不同的两种金属片压制而做成测量元件，利用温度改变时两者伸长变形的差值来测量温度的变化，主要用于测量气体和液体的温度。当温度变化时，因两种金属的线膨胀系数不同而使双金属片发生弯曲，弯曲变形的程度与温度高低成比例，通过杠杆把金属片的弯曲变成指针的偏转角，指示出被测温度值。其特点是坚固、不易损坏、读数方便、价格便宜等。在温度测量时，为了提高仪器的灵敏度，通常是增加双金属片的长度，将双金属片制成螺旋形或旋形。

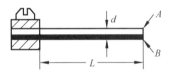

图 2-11　双金属温度计原理

2）电阻式温度测量

电阻式温度测量是利用导体或半导体的电阻值随温度变化而发生变化的特性来测量温度。电阻式温度计包括纯金属电阻温度计、合金电阻温度计和半导体温度计三类。

（1）纯金属电阻温度计。金属材料具有较大的电阻温度系数，当温度发生变化时，电阻值会随之发生改变，电阻温度系数越大的金属，对温度变化越敏感。电阻元件通常是金属丝，缠绕在玻璃、陶瓷或云母等绝缘材料的载体上。常用的金属有铂、铜和镍等。

（2）合金电阻温度计。通常，合金的电阻率远大于纯金属的本征电阻率，合金的电阻温度系数也较小、对温度变化不敏感。但也有些含有磁性元素的合金，如铑铁合金、铂钴合金等，对温度变化敏感，因此，可以利用这类合金制备测温元件，称为合金电阻温度计。由于合金通常比纯金属具有更高的强度和抗高温氧化性，因此，在一些特殊场合，合金电阻温度计具有一定的优势。常用的合金电阻温度计有铑铁合金温度计、铂钴合金温度计等。

（3）半导体温度计。一般情况下，本征半导体如硅、锗等在较低温度下居于较高的电阻率，对温度变化不敏感，但在掺杂某些其他元素（如砷、锑等）后，其导电能力大大增强，对温度变化敏感。通常情况下，掺杂半导体的电阻随温度升高而降低，可以利用这一特点制成测温元件，称为半导体温度计。半导体温度计灵敏度高，尤其在低温区，其温度灵敏性大大高于金属电阻温度计，因而半导体温度计常用于低温测量。

3）热电偶式温度测量

热电偶测温是目前应用最广泛的一种测温方法。它是利用材料的热电效应实现温度的测量，图 2-12 所示为热电效应原理图。将两种不同的金属导体丝两端分别焊接在一起组成一个闭合回路，当回路两接点存在温差时，在回路中就会产生电流，这个现象称为热电效应，相应的热电动势称为温差电动势。热电偶测温简单、可靠、灵敏度高、测量范围广，而且热电偶丝可以做得很小，可以用来测量小尺度范围内的温度变化，因此，其应用范围非常广泛。图 2-13 所示为热电偶测量实物。

图 2-12　热电效应原理

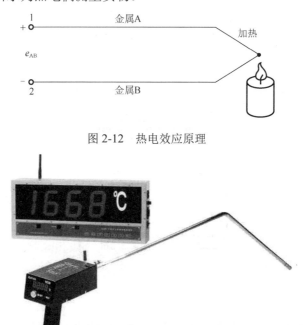

图 2-13　热电偶测量实物

4）红外测量

红外测温属于非接触式测温。它的理论基础是普朗克黑体辐射定律，对于一个理想化的辐射体（黑体），它能吸收所有波长的辐射能量，没有反射和投射的能力，因此，通过对物体自身辐射的红外能量的测量，便能测得物体表面的温度。图 2-14 所示为手持红外线测量仪。

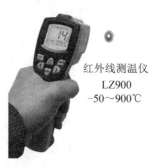

图 2-14　手持红外线测量仪

红外测温仪的核心是探测元件,探测元件有热敏型和光电型两种。热敏探测器由热敏电阻和热释放元件组成,它把接收到红外辐射能转变为热能,引起探测元件本身温度的变化,产生热电效应,对电信号进行放大处理,即可测得被测物体的温度。光电探测器是基于探测元件吸收光子后引起的电现象来测量温度,包括光电二极管和光电倍增管等部件。

2.3.4 转矩的测量

使机械元件转动的力矩或力偶称为转动力矩,简称转矩。力矩是由一个不通过旋转中心的力对物体进行作用形成的,而力偶是一对大小相等、方向相反的平行力对物体的作用。所以转矩等于力与力臂或力偶臂的乘积。在国际单位制(SI)中,转矩单位常用的是牛顿·米(N·m),功率的单位是焦耳每秒(J/s)或瓦(W)。转矩是机械系统中各种旋转机械和动力机械的基本载荷形式,与动力机械的工作能力、能源消耗、效率、运转寿命及安全性能等因素紧密联系,因此,转矩的测量对于传动部件的结构和强度设计、机械系统动力消耗的控制、原动机的选择设计等都具有重要意义。转矩常常与机械功率关联在一起,转矩测量装置也常称为测功计。机械元件在转矩作用下都会产生一定程度的扭转变形,故转矩有时又称为扭矩。

转矩通常根据弹性元件或转轴受到扭转力矩时所发生的物理量(应力、应变、磁阻、光学性能等)的改变来测量。根据传感器原理的不同,可以分为应变法、形变法、扭磁法、相位差法和光电法等。

(1)应变法。应变法是通过弹性元件在传递转矩时所产生的应变(如角位移等)来测量转矩值,测量范围通常为 $10^{-3} \sim 10^4 \mathrm{N \cdot m}$,测量误差可控制在 5%以内。图 2-15 所示为应变式扭矩传感器实物图。

图 2-15 应变式扭矩传感器

(2)形变法。形变法根据弹性元件在传递转矩时所产生的形状改变(如角位移等)来测量转矩值。

(3)扭磁法。扭磁法是基于转轴受扭产生应变而产生的磁弹性效应来测量转矩值。

(4)相位差法。相位差法依据测量同一轴上不同位置电信号之间的相位差来实现转矩的测量,测量范围通常为 $10^{-2} \sim 10^5 \mathrm{N \cdot m}$,测量误差可控制在 0.1%以内。相位差法测量转矩可分为光电式和磁电式两类。

(5)光电法。光电式扭矩传感器工作原理如图 2-16 所示,在转轴 4 上固定两只圆盘光栅 3，在不承受扭矩时，两光栅的明暗区正好互相遮挡，光源 1 的光线没有透过光栅照射到光敏元件 2，无输出信号。当转轴受扭矩后，转轴变形将使两光栅出现相对转角，部分光线透过光栅照射到光敏元件上产生电压信号。扭矩越大，扭转角越大，穿过光栅的光通量越大，电压信号越强，从而实现扭矩测量。图 2-17 所示为光电式转矩传感器原理示意图。

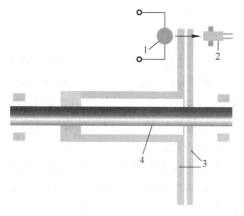

图 2-16　光电式扭矩传感器原理示意

图 2-17　光电式转矩传感器

2.3.5　功率的测量

功率的测量在机械工程领域非常普遍，很多设备的性能评定，如变速箱、传动装置、电动机、发电机、内燃机和泵等机械系统都需要进行功率测量，以评定其动力特性和传动效率。测功设备（测功器）主要有机械式、水力式、电力式和电涡流式等。对于测量机械输出扭矩或驱动扭矩的装置，如果同时测出机械的扭矩和转速，可算出机械的输出功率或驱动功率。

常用的测功器有磁粉制动器、磁滞测功器、水力测功器、电力测功器、液压加载器和电涡流测功器等，都属于吸收式测功器（吸收动力端发出的功率）。有些测功器既可吸收被测机械的机械能而测定其输出功率，又可放出能量测定机械的驱动功率。

机械式测功器结构简单，但因摩擦系数不稳定等缺点已很少使用。无论水力式、电力式或电涡流式测功器，均有一个与被测机械相连接的转子和一个可绕固定轴转动的定子。当转子由被测机械带动时，在水摩擦力或电磁力的作用下，定子也随之转动，经过定子臂杆、杠杆和摆锤式测力计，使定子稳定在平衡位置上，测得其制动力。

磁粉制动器适用于低转速场合，磁滞测功器主要用于小转矩、高转速条件下的功率测量；电涡流测功器和水力测功器用于高转速、大转矩测功；液压加载器常用于大功率测量。图 2-18 所示为磁粉制动器实物图。

水力测功器，又称为涡流测功器，其原理示意如图 2-19 所示。通过一个水力制动器对输出功率的动力端施加一个反转矩吸收功率，利用转动的水轮与壳体内水之间的摩擦吸收被测机

图 2-18　磁粉制动器

械的功率。使用时，将水轮与被测机械轴连接起来，使之带动水轮转动。自由地支承在轴承上的测功器外壳，在水摩擦力作用下，也随之转动，通过同时测量输出的转矩和转速，即可得到功率值。图 2-20 所示为水力测功器实物。

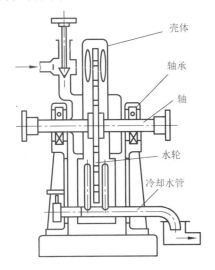

图 2-19　水力测功器原理示意

图 2-20　水力测功器实物

电力测功器既能测机械的有效输出功率，又能测机械的驱动功率。其中，直流测功器是应用较多的一种。测量输出功率时，将测功器转子与被测机械连接起来，于是机械能变成电能而发电。电能消耗在外部的电阻器上，交流测功器发出的电可反送到电流网路上。图 2-21 所示为电力测功器实物。

电涡流测功器精度高且有较宽的转速与功率调节范围。它的工作原理是可转动的定子绕组内通有电流，当具有齿状的电感器由被测机械通过轴带动旋转时，由于磁通的变化而感生电动势，产生的电涡流引起制动作用，因而这种测功器只能测量有效输出功率。由于电涡流测功器吸收的功率全部变成涡流环的温升，故需要有相应的冷却系统。图 2-22 所示为电涡流测功器实物。

图 2-21　电力测功器实物

图 2-22　电涡流测功器实物

2.3.6 流量测量

流量是工业生产过程及检测与控制中一个很重要的参数,凡是涉及具有流动介质的工艺流程,无论是气体、液体还是固体粉料,都与流量的检测与控制有着密切的关系。流量有两种表示方式,即瞬时流量、累积流量;前者是单位时间所通过的流体容积或质量,后者是在某段时间间隔内流过流体的总量。

从测量方法上讲,流量测量装置可以分为两大类:

(1) 直接测量:即从流量的定义出发,同时测量流体流过的体积(质量)和时间。

(2) 间接测量:即测量与流量有关的其他物理参数并算出流量值。直接测量可以得到较准确的结果,所得测量结果是在某一时间间隔内流过的总量。在瞬时流量不变的情况下,用这种方法可以求出平均流量,但这种方法不能用来测量瞬时流量。一般流量测量装置是以间接测量为基础,然后用计算方法确定被测参数与流量之间的关系。

按流量计测量的原理,可分为差压式流量计、转子流量计、容积式流量计、涡轮流量计、漩涡流量计、电磁流量计和超声波流量计等。表2-8给出了常用流量测量方法的基本情况。

表2-8 常用流量测量方法

种类	测量原理	温度范围/℃	压力/kPa	测量特点
差压式流量计	基于伯努利能量守恒方程	工艺过程的温度可达540℃,变送器为-20℃~120℃	≤41000	应用广泛、结构简单、适应性强、使用寿命长、价格低
电磁流量计	基于法拉第电磁感应法则的原理	180	≤10500	动态范围限制少、响应速度快、测量受干扰的影响小
容积式流量计	将液体分隔到许多不连续的单个容积中,累计通过流量计单位容积的总数	气体:≤120,液体:≤315	≤10000	测量精度高、用于计量家用自来水、低压天然气和汽油
涡轮流量计	基于涡轮受流体作用而旋转,并将流量转换成涡轮的转数	-268~260	≤21000	可远距离输送,主要用于纯水、轻质油、黏度低的润滑油等
多普勒式流量计	基于流体中的散射体对声波的反射原理,即通过测量多普勒频移进行	-180~260	-180~120	灵敏度高、适用于多种液体和测量比较脏污的液体
变面积式流量计	测量原理与差压式流量计相反	玻璃:≤200 金属:≤540	玻璃:≤2400 金属:≤5000	尺寸较小、成本低、总压损不变、几乎能测量任何腐蚀性液体
漩涡式流量计	基于流体力学中卡尔曼漩涡列的原理	≤200	≤10500	可远距离输送、流体压力损失比较小、测量受干扰的影响小

2.4 实验数据误差分析与处理

测量的目的是求出被测量的真实值,然而在任何一次实验中,尽管随着科学技术的发展和人类认识水平的不断提高,可以将误差控制到很小的程度,但由于受到计量器具本身的误差和测量条件等因素的影响,都不可避免地会产生误差,使测量的结果并非真值而是近似值。在人类观察自然现象和进行科学实验的过程中,误差的存在是必然的普遍的。因此,对于每次测量,需知道测量误差是否在允许范围内。分析研究测量误差的目的在于:正确认识误差的性质,分析测量误差产生的原因,并设法避免或减少产生误差的因素,提高测量的准确度;其次是通过对测量误差的分析和研究,求出测量误差的大小或其变化规律,正确处理实验数据,合理修正测量结果并判断测量的可靠性。

2.4.1 误差的概念

1. 绝对误差

在一定条件下,某一物理量所具有的客观大小称为真值。测量的目的就是力图得到真值。但由于受测量方法、测量仪器、测量条件,以及观测者水平等多种因素的限制,测量结果与真值之间总有一定的差异,即总存在测量误差。设测量值为 x,相应的真值为 μ,测量值与真值之差 δ 称为测量误差,又称为绝对误差,简称误差。计算公式为

$$\delta = x - \mu \tag{2-10}$$

2. 相对误差

绝对误差与真值之比的百分数称为相对误差,用 ε 表示。计算公式为

$$\varepsilon = \frac{\delta}{\mu} \times 100\% \tag{2-11}$$

由于真值无法知道,所以计算相对误差时常用 x 代替 μ。在这种情况下,x 应该是公认值,或高一级精密仪器的测量值,或测量值的平均值。相对误差用来表示测量的相对精确度,通常用百分数表示,保留两位有效数字。

2.4.2 误差的分类

根据误差的性质和产生的原因,误差可分为三类:系统误差、随机误差和粗大误差。

1. 系统误差

系统误差是指在重复性条件下,对同一被测量进行无限多次测量所得结果的平均值与被测量的真值之差。系统误差在相同条件下对同一被测量的多次测量过程中,大小与符号呈现明显规律性变化。它的大小表示测量结果对真值的偏离程度,反映测量的"正确度"。在测量过程中,如果误差的大小和符号始终不变的称为常值系统误差,如误差的大小和符号做有规律的变化则称为变值系统误差。测量仪器设计原理及制造上的缺陷引起的误差,采用近似的测量方法或用近似的计算公式引起的误差,均属于系统误差。

2. 随机误差

随机误差是指测量结果与在重复性条件下，对同一被测量进行无限多次测量所得结果的平均值之差。随机误差在相同条件下对同一量的多次重复测量过程中，大小与符号做无规律变化，它是整个测量误差中的一个组成部分。这一分量的大小和符号不可预定，它的分散程度称为"精密度"。随机误差等于误差减去系统误差，在测量过程中测量仪器的不稳定造成的误差，环境条件中温度、湿度、光照强度的微小变动和地基振动等所造成的误差，以及测量人员读数不稳定造成的误差，均属于随机误差。

3. 粗大误差

粗大误差是指明显超出规定条件下预期值的误差，粗大误差又称为疏忽误差。引起粗大误差的原因有测量人员的主观原因，也有外界客观原因，如操作人员工作失误，缺乏经验，或在测量时不仔细，造成读数或记录错误，这是产生粗大误差的主要原因；又如使用有缺陷的测量器具；测量仪器受外界振动、电磁等干扰而发生的指示突跳等都属于粗大误差。显然，若无粗大误差，且随机误差和系统误差小，则测量准确度高。

2.4.3 测量精度

测量精度一般指测量结果与真值的接近程度，它与测量误差相对应，误差小、精度高，误差大、精度低。衡量测量精度的指标有以下几个方面。

（1）精密度。反映由随机误差的影响测量值偏离真值的程度。随机误差小则精密度高，如图2-23（a）所示。

（2）正确度。反映由系统误差的影响测量值偏离真值的程度。系统误差小则正确度高，如图2-23（b）所示。

（3）准确度。反映由随机误差和系统误差的综合影响测量值偏离真值的程度。只有系统误差和随机误差都小才能准确度高，如图2-23（c）所示。

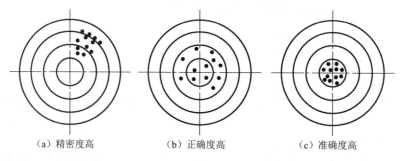

(a) 精密度高　　(b) 正确度高　　(c) 准确度高

图2-23　测量精度的衡量指标

2.4.4 有效数字

有效数字是由几位可靠数字和最后一位有误差的可疑数字组成的。从第一位非零数字开始到最后一位数字为止的所有数字都称为有效数字。有 n 个有效数字，就称为有 n 位有效位数。在直接测量中，测量结果的有效数字位数与测量仪器最小分度值密切相关。一般读数时要读到仪器最小分度值的十分位上，最后一位数是估计出来的。用最小刻度值是毫米的米尺测量某一长度时，如被测量正好与 80mm 刻度线重合，则读数必须记为 80.0mm，而不能记为 80mm。

由测量结果的有效数字的位数，可以知道测量精度。一般用 2 位有效数字表示的测量结果，其相对误差在 1%～10%内；用 3 位有效数字表示的测量结果，其相对误差在 0.1%～1%，依此类推。

2.4.5 实验数据处理

由于测量误差的普遍存在，使测量结果带有不确定性，为提高其可信程度和准确程度，所以常常对同一被测量进行相同条件下重复多次的测量，取得一系列包含有误差的数据，再按数理统计的方法进行处理，获知各类误差存在和分布的信息，分别给以恰当的处理，最终得到较为可靠的测量值，并给出较为可信的结果。

数据处理一般包括下列内容。

1. 系统误差的消除

测量过程中往往存在系统误差，它的大小和符号是有规律变化的。规律是指这种误差可以归结为某一个因素或某几个因素的函数。这种函数一般可用解析公式、曲线或数表来表示。在有些情况下系统误差的数值可能是比较大的，这时的测量精度不仅取决于随机误差，还取决于系统误差。由于系统误差是和随机误差同时存在于测量误差中的，多次重复测量也不能减小它对测量结果的影响，又不能用数理统计的方法来削弱或剔除它，所以只能研究其规律和特征，用适当的方法来减小甚至消除它。

要减小或消除系统误差，首先要发现系统误差。而找出系统误差是一件比较复杂而困难的工作。系统误差可分为常值系统误差和变值系统误差，具有不同的特性。常值系统误差是对每一测量值的影响均为相同常量，对误差分布范围的大小没有影响，但可使算术平均值产生偏移，可以通过对测量数据的观察分析，或用更高准确度的测量仪器来把这一种系统误差鉴别出来，然后就可以用补偿修正法、抵消法或代替法来减小或消除它。变值系统误差的大小和方向则随测试时刻或测量值的不同、大小等因素按一定的函数规律而变化。一般可以用数据组比较法或观察测量值残余误差的变化规律等方法来发现和掌握误差变化的规律性，如果是线性变化的系统误差则可以用对称法来有效地消除；如果是周期性变化的系统误差则可以用半周期法来有效地消除。

2. 测量数据中粗大误差的处理

在一列重复测量所得数据中，经系统误差修正后按理剩下的都是随机误差。但有时会发现有个别数据有明显差异，则这些数据很可能含有粗大误差。根据随机误差理论，出现粗大误差的概率虽小，但不为零。由于粗大误差的数值比较大，会对测量结果产生明显的歪曲，因此，必须找出这些含有粗大误差的异常值，从测量结果中予以剔除。然而，在判别某个测得值是否含有粗大误差时，要特别慎重，需要做充分的分析研究，并根据选择的判别准则予以确定，再对数据按相应的方法做出处理。

判别粗大误差有多种方法和准则，有拉依达准则（又称为 3σ 准则）、罗曼诺夫斯基准则、狄克松准则、格罗布斯准则等，其中，3σ 准则是常用的统计判断准则，罗曼诺夫斯基准则适用于测量次数较少的场合。

3. 3σ 准则

3σ 准则先假设实验数据只含随机误差进行处理，计算得到标准偏差，按一定概率确定一个区间，根据随机误差的正态分布规律，其残余误差落在 $\pm 3\sigma$ 以外的概率只有 0.27%，凡超过这个区间的误差，便可以认为不属于随机误差而是粗大误差，含有该误差的实验数据应予以剔除。这种判别处理原则及方法仅局限于对正态或近似正态分布的样本数据处理。

3σ 准则做判别计算时，先以测得值 x_i 的平均值 $\bar{x}$ 代替真值，求得各数据的残余误差 $v_i = x_i - \bar{x}$。再以贝塞尔公式算得的标准差估计量 s 代替标准差 σ，以 $3s$ 值与各残余 v_i 误差 v_i 做比较，对某个可疑数据 x_d，若其残余误差 v_d 满足下式，则为粗大误差，应剔除数据 v_d，即

$$|v_d| = |x_d - \bar{x}| > 3s \tag{2-12}$$

每经一次粗大误差的剔除后，剩下的数据要重新计算 s 值，再以数值已变小了的新的 s 值为依据，进一步判别是否还存在粗大误差，直至无粗大误差为止。应该指出，3σ 准则是以测量次数充分大为前提的，但一般情况下测量次数是有限的，所以它只是一个近似的准则。尤其是当测量次数≤10 的情形，用 3σ 准则剔除粗大误差是不可靠的。因此，在测量次数较少的情况下，最好用其他的准则，一般用罗曼诺夫斯基准则。

4. 罗曼诺夫斯基准则

当测量次数较少时，用罗曼诺夫斯基准则较为合理，这一准则又称为 t 分布检验准则，它是按 t 分布的实际误差分布范围来判别粗大误差。其特点是首先剔除一个可疑的测量值，然后按 t 分布检验被剔除的测量值是否含有粗大误差。

假设对某一个被测量做多次等精度独立测量，得 x_1，x_2，…，x_n。若认为测得值 x_d 为可疑数据，将其剔除后计算平均值（计算时不包括 x_d），即

$$\bar{x} = \frac{1}{n-1} \sum_{i=1, i \neq d}^{n} x_i \tag{2-13}$$

并求得测量列的标准差估计量（计算时不包括 $v_d = x_d - \bar{x}$），即

$$s = \sqrt{\frac{\sum_{i=1}^{n-1} v_i^2}{n-2}} \tag{2-14}$$

根据测量次数 n 和选取的显著度 α，即可由表 2-9 查得 t 检验系数 $K(n,\alpha)$，若有

$$|x_d - \bar{x}| \geq K(n,\alpha) \tag{2-15}$$

则实验数据 x_d 含有粗大误差，应予剔除。否则，予以保留。

表 2-9 t 检验系数 $K(n,\alpha)$ 表

n	$\alpha = 0.05$	$\alpha = 0.01$	n	$\alpha = 0.05$	$\alpha = 0.01$	n	$\alpha = 0.05$	$\alpha = 0.01$
4	4.97	11.46	13	2.29	3.23	22	2.14	2.91
5	3.56	6.53	14	2.26	3.17	23	2.13	2.90
6	3.04	5.04	15	2.24	3.12	24	2.12	2.88
7	2.78	4.36	16	2.22	3.08	25	2.11	2.86
8	2.62	3.96	17	2.20	3.04	26	2.10	2.85
9	2.51	3.71	18	2.18	3.01	27	2.10	2.84
10	2.43	3.54	19	2.17	3.00	28	2.09	2.83
11	2.37	3.41	20	2.16	2.95	29	2.09	2.82
12	2.33	3.31	21	2.15	2.93	30	2.08	2.81

5. 随机误差的处理

在通过测量获得的实验数据中，排除了系统误差和剔除了粗大误差后余下的便是随机误差。单次测量中的随机误差大小和符号是没有规律可循的，可是如果进行大量的重复测量时，其误差服从数理统计规律。大多数情况下随机误差满足正态分布或近似正态分布，随机误差的处理就是从它的统计规律出发，按其为正态分布，求测得值的算术平均值，以及用以描述误差分布的标准差。随机误差是一种不可消除的误差，进行分析处理的目的是为了得知测得值的精确程度。

（1）算术平均值。

在实际测量中，由于必然存在着误差，所以无法测得真值 μ 的大小，只能根据测得的一组样本值对真值 μ 进行估计。

设有一系列消除了系统误差和剔除了粗大误差后的测量数据 x_1，x_2，…，x_n，其算术平均值为

$$\bar{x} = \frac{\sum_{i=1}^{n} x_i}{n} \tag{2-16}$$

设 μ 为被测量的真值，δ 为测量列中测得值的随机误差，则式（2-16）中的 $x_i = \mu + \delta_i$ 等精度多次测量中，随着测量次数 n 的增加，算术平均值 $\bar{x}$ 必然越接近真值，这时取算术平均值为测量结果，将是真值的最佳估计值。

（2）单次测量值的标准差。

尽管以算术平均值作为测量结果是最可靠的，但是仅由这一项指标还不能充分反映随机误差变量的分布规律。除了算术平均值之外，还需要一个表示分散性的指标来反映测量结果对真值 μ 的分散程度。在误差分析中，通常用标准差作为表征分散性的指标。

测量列中单次测量值的标准差定义为

$$\sigma = \sqrt{\frac{\sum_{i=1}^{n} \delta_i^2}{n}} \tag{2-17}$$

由于真实误差 δ_i 未知，所以不能直接按定义求得 σ 值，故实际测量时常用残余误差

$v_i = x_i - \bar{x}$ 代替 δ_i。按贝塞尔公式求得 σ 的估计值，即

$$s = \sqrt{\frac{\sum_{i=1}^{n} v_i^2}{n-1}} \tag{2-18}$$

大量的测量实践表明，随机误差通常服从正态分布规律，所以，其概率密度函数为

$$y = \frac{1}{\sigma\sqrt{2\pi}} e^{-\frac{\delta^2}{2\sigma^2}} \tag{2-19}$$

函数曲线如图 2-24 所示，标准差 σ_i 越小，表示测量的数据越集中，任一单次测量值对算术平均值的分散程度越低，测量的可靠性就高，即测量精度高。

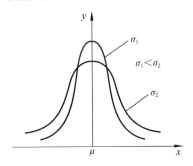

图 2-24 正态分布

（3）测量列算术平均值的标准差。

如果在相同条件下，对某一被测量重复进行多组的系列测量，每一系列的算术平均值的分散程度要比单次测量值的分散程度小得多，它们的算术平均值将更接近真值 μ。描述它们的分散程度，可用测量列算术平均值的标准差 $\sigma_{\bar{x}}$ 作为评定指标，其值按下式计算，即

$$\sigma_{\bar{x}} = \frac{\sigma}{\sqrt{n}} \tag{2-20}$$

其估计量为 $s_{\bar{x}} = \frac{s}{\sqrt{n}}$，此值将是算术平均值不可靠性的评定标准，由式（2-20）可知算术平均值的标准差是单次测量标准差的 $\frac{1}{\sqrt{n}}$ 倍。测量次数 n 越大，测量精度也越高。

第 3 章　机械零件几何量的精密测量

3.1　几何尺寸的精密测量

3.1.1　用立式光学计测量塞规外径

一、实验目的

（1）熟悉立式光学计的结构和测量原理。
（2）掌握立式光学计测量外径的方法。
（3）加深理解计量器具的使用方法。

二、实验设备和工具

（1）立式光学计。
（2）标准量块。
（3）塞规。

三、实验原理

立式光学计是一种用量块作为长度基准，按比较法来测量各种工件外尺寸的光学量具。

图 3-1 所示为立式光学计的外形结构。它由底座 1、立柱 5、支臂 3、直角光管 6 和工作台 11 等几部分组成。光学计是利用光学杠杆放大原理进行测量的，其光学系统如图 3-2（b）所示。照明光线经反射镜 1 照射到刻度尺 8 上，再经直角棱镜 2、物镜 3，照射到反射镜 4 上。由于刻度尺 8 位于物镜 3 的焦平面上，故从刻度尺 8 上发出的光线经物镜 3 后成为平行光束，若反射镜 4 与物镜 3 之间相互平行，则反射光线折回到焦平面，刻度尺像 7 与刻度尺 8 对称。若被测尺寸变动使测杆 5 推动反射镜 4 绕支点转动某一角度 α，如图 3-2（a）所示，则反射光线相对于入射光线偏转 2α 角度，从而使刻度尺像 7 产生位移 t，如图 3-2（c）所示，它代表被测尺寸的变动量。物镜至刻度尺 8 的距离为物镜焦距 f，设 b 为测杆中心至反射镜支点间的距离，s 为测杆 5 移动的距离，则仪器的放大比 K 为

$$K = \frac{t}{s} = \frac{f \tan 2\alpha}{b \tan \alpha}$$

当 α 很小时，$\tan 2\alpha \approx 2\alpha$，$\tan \alpha \approx \alpha$，因此

$$K = \frac{2f}{b}$$

光学计的目镜放大倍数为 12，f=200mm，b=5mm，故仪器的总放大倍数 n 为

$$n = 12K = 12\frac{2f}{b} = 12 \times \frac{2 \times 200}{5} = 960$$

由此说明，当测杆移动 0.001mm 时，在目镜中可见到 0.96mm 的位移量。

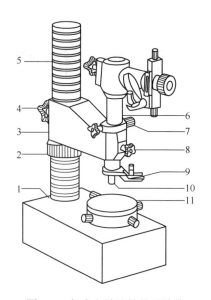

图 3-1 立式光学计的外形结构

1—底座；2—调节螺母；3—支臂；4、8—紧固螺钉；5—立柱；6—直角光管；7—调节手轮；
9—提升杠杆；10—测头；11—工作台

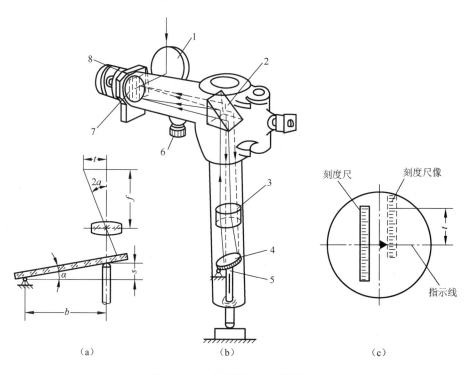

图 3-2 立式光学计的光学原理

1、4—反射镜；2—棱镜；3—物镜；5—测杆；6—微调螺钉；7—刻度尺像；8—刻度尺

四、实验步骤

（1）测头的选择：测头有球形、平面形和刀口形三种，根据被测零件表面的几何形状

来选择，使测头与被测表面尽量满足点接触。所以，测量平面或圆柱面工件时，选用球形测头；测量球面工件时，选用平面形测头；测量小于 10mm 的圆柱面工件时，选用刀口形测头。

（2）按被测塞规外径的基本尺寸组合量块。

（3）调整仪器零位。

① 参照图 3-1，选好量块组后，将下测量面置于工作台 11 的中央，并使测头 10 对准上测量面中央。

② 粗调节：松开支臂紧固螺钉 4，转动调节螺母 2，使支臂 3 缓慢下降，直到测头与量块上测量面轻微接触，并能在视场中看到刻度尺像时，将紧固螺钉 4 锁紧。

③ 细调节：松开紧固螺钉 8，转动调节手轮 7，直至在目镜中观察到刻度尺像与 μ 指示线接近为止，如图 3-3（a）所示，然后拧紧紧固螺钉 8。

④ 微调节：转动刻度尺寸微调螺钉 6，如图 3-2（b）所示，使刻度尺的零线影像与 μ 指示线重合，如图 3-3（b）所示，然后压下测头提升杠杆 9 数次，使零位稳定。

⑤ 将测头抬起，取下量块。

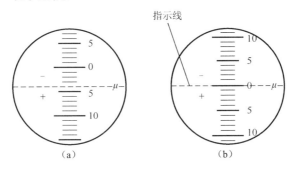

图 3-3　立式光学计的零位调节示意

（4）测量塞规外径：按实验规定的部位（在三个横截面上两个相互垂直的径向位置上）进行测量，把测量结果填入实验报告。

（5）由塞规零件图的要求，判断塞规的合格性。

参考表格　用立式光学计测量塞规外径

（1）仪器名称、型号_____

（2）仪器测量范围_____；刻度值_____；指示范围_____

（3）组合量块的尺寸_____，量块精度等级_____

（4）塞规制造尺寸_____

端面	基本尺寸/mm	偏差/μm	极限尺寸/mm	公差带图
通端		上：	D_{max}:	
		下：	D_{min}:	
止端		上：	D_{max}:	
		下：	D_{min}:	

（5）测量结果

测量位置		通端		止端	
		读数/μm	实际尺寸/mm	读数/μm	实际尺寸/mm
1-1	Ⅰ－Ⅰ				
	Ⅱ－Ⅱ				
2-2	Ⅰ－Ⅰ				
	Ⅱ－Ⅱ				
3-3	Ⅰ－Ⅰ				
	Ⅱ－Ⅱ				

3.1.2 用内径百分表测量内径

一、实验目的

（1）熟悉测量内径常用的计量器具和其使用方法。
（2）熟悉使用内径百分表测量内孔尺寸误差的方法和特点。

二、实验设备和工具

（1）内径百分表。
（2）待测工件。

三、实验原理

工件内径常用内径千分尺测量，但对深孔或公差等级较高的孔，则多用内径百分表做比较测量。内径百分表由测量杆和百分表组成，是用相对测量法测量孔径和形状误差，它的结构如图3-4所示。

内径百分表是用它的可换测头3（测量中固定不动）和活动测头10与被测孔壁接触进行测量的。仪器盒内有几个长短不同的可换测头，使用时可按被测尺寸的大小来选择。测量时，活动测头10受到一定的压力，向内推动等臂直角杠杆4，使杠杆绕其支点旋转，并通过连接杆7推动百分表9的侧杆而进行读数。

在活动测头的两侧，有对称的定位板2，装上活动测头10后，即与定位板连成一个整体。定位板在弹簧1的作用下，对称地压靠在被测孔壁上，以保证测头的轴线处于被测孔的直径截面内。

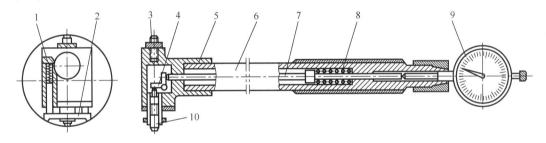

图3-4 内径百分表结构图

1、8—弹簧；2—对称定位板；3—可换测头；4—等臂直角杠杆；5—隔热手柄；6—摆动直管；
7—连接杆；9—百分表；10—活动测头

四、实验步骤

（1）为了使测量结果准确可靠，内径百分表在每次使用前，首先要用标准环规、夹持的量块或外径千分尺对零，环规、夹持的量块和外径千分尺的尺寸与被测工件的基本尺寸相等。

（2）内径百分表在对零时，手持隔热手柄5，使测头进入工件测量面内，摆动直管6，测头在X方向和Y方向（仅在量块夹中使用）上下摆动。观察百分表的示值变化，反复几次；当百分表指针在最小值处转折摆向时，用手旋转百分表盘，使指针对零位。多摆动几次观察指针是否在同一零点处转折。

(3) 将对零后的内径百分表插入被测孔内，沿被测孔的轴线方向测几个截面，每个截面要在相互垂直的两个部位上各测一次。测量时轻轻摆动内径百分表，如图 3-5 所示，记下示值变化的最小值。

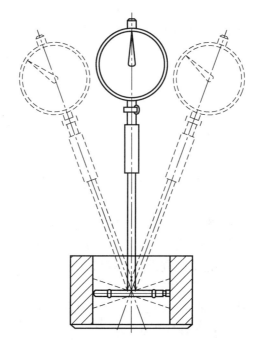

图 3-5　内径百分表的调整

(4) 根据测量结果和被测孔的公差要求，判断被测孔是否合格。

参考表格　用内径百分表测量内径

(1) 仪器名称、型号_____

(2) 仪器测量范围_____，刻度值_____，指示范围_____

(3) 被测零件基本尺寸及极限偏差_____

(4) 被测零件的尺寸偏差

测量位置		读数/mm	实际尺寸/mm
1-1	Ⅰ－Ⅰ		
	Ⅱ－Ⅱ		
2-2	Ⅰ－Ⅰ		
	Ⅱ－Ⅱ		
3-3	Ⅰ－Ⅰ		
	Ⅱ－Ⅱ		
4-4	Ⅰ－Ⅰ		
	Ⅱ－Ⅱ		
5-5	Ⅰ－Ⅰ		
	Ⅱ－Ⅱ		

3.2 形状和位置误差的测量

3.2.1 合像水平仪测量直线度

一、实验目的

（1）掌握用水平仪测量直线度误差的方法及数据处理。
（2）加深对直线度误差定义的理解。

二、实验设备和工具

合像水平仪。

三、实验原理

窄而长的平面，如机床、仪器导轨，为了控制直线度误差，常在给定平面（垂直平面、水平平面）内进行检测。常用的计量器具有框式水平仪、合像水平仪、电子水平仪和自准直仪等。这类器具的共同特点是可以测定微小的角度变化。由于被测表面存在着直线度误差，计量器具置于不同的被测部位上，其倾斜角度就要发生相应的变化。如节距（相邻两测点的距离）一经确定，这个变化的微小倾角与被测相邻两点的高低差就有确切的对应关系。通过对逐个节距的测量，得出变化的角度，用作图或计算的方法，即可求出被测表面的直线度误差。由于合像水平仪具有测量准确度高、测量范围大（±10 mm/m）、携带方便等优点，在检测工作中得到了广泛应用。

合像水平仪的结构如图 3-6（a）、图 3-6（b）所示，它由底板 1 和壳体 4 组成外壳基体，其内部则由杠杆 2、水准器 8、两个棱镜 7、微分筒 9、测微螺标 10、放大镜 11 及放大镜 6 所组成。使用时将合像水平仪放于桥板上相对不动，如图 3-7 所示，再将桥板放于被测表面上。如果被测表面无直线度误差，并与自然水平基准平行，此时水准器的气泡则位于两棱镜的中间位置，气泡边缘通过合像棱镜 7 所产生的影像，在放大镜 6 中观察将出现如图 3-6（b）所示的情况。但在实际测量中，由于被测表面安放位置不理想和被测表面本身不直，导致气泡移动，其视场情况将如图 3-6（c）所示。此时可转动测微螺杆 10，使水准器转动一个角度，从而使气泡返回棱镜组 7 的中间位置，则图 3-6（c）中的两影像的错移量 Δ 消失而恢复成一个光滑的半圆头，如图 3-6（b）所示。测微螺杆移动量 s 导致水准器的转角 α 与被测表面相邻两点的高低差 h 有确切的对应关系，如图 3-6（d）所示，即

$$h = 0.01L\alpha (\mu m)$$

式中，0.01 为合像水平仪的分度值（mm/m）；L 为桥板节距（mm）；α 为角度读数值（用格数来计数）。

如此逐点测量，就可得到相应的值，为了阐述直线度误差的评定方法，后面将通过实例说明。

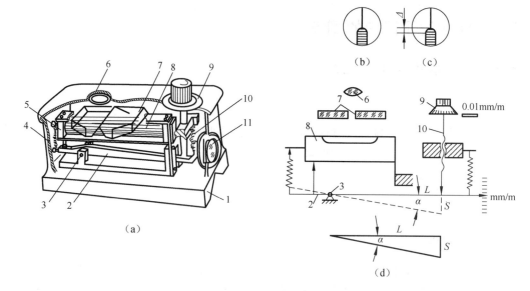

图 3-6 合像水平仪结构

1—底板；2—杠杆；3—支座；4—壳体；5—支撑架；
6，11—放大镜；7—棱镜；8—水准器；9—微分筒；10—测微螺杆

四、实验步骤

（1）量出被测表面总长，确定相邻两点之间的距离（节距），按节距 L 调整桥板的两圆柱中心距，如图 3-7 所示。

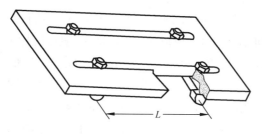

图 3-7 测量桥板

（2）将合像水平仪放于桥板上，然后将桥板依次放在各节距的位置。每放一个节距后，要旋转微分筒 9 合像，使放大镜中出现如图 3-6（b）所示的情况，此时即可进行读数。先在放大镜 11 处读数，它是反映测微螺杆 10 的旋转圈数；微分筒 9（标有 +、- 旋转方向）的读数则是测微螺杆 10 旋转一圈（100 格）的细分读数；如此顺测（从首点至终点）、回测（由终点至首点）各一次。回测时桥板不能调头，将各测点两次读数的平均值作为该点的测量数据。必须注意，如某测点两次读数相差较大，说明测量情况不正常，应检查原因并加以消除后重测。

（3）为了作图的方便，最好将各测点的读数平均值同减一个数而得出相对差。

(4) 根据各测点的相对差,在坐标纸上取点。作图时不要漏掉首点(零点),同时后一测点的坐标位置是以前一点为基准,根据相邻差数取点的。然后连接各点,得出误差折线。

(5) 用两条平行直线包容误差折线,其中一条直线必须与误差折线两个最高(最低)点相切,在两切点之间,应有一个最低(最高)点与另一条平行直线相切。这两条平行直线之间的区域才是最小包容区域。从平行于坐标方向画出这两条平行直线间的距离,此距离就是被测表面的直线度误差值 f(格)。

将误差值 f(格)按下式折算成线性值 f(μm),并按国家标准 GB 1184—1980 评定被测表面直线度的公差等级,即

$$f(\mu m)=0.01Lf(格)$$

【例题】 用合像水平仪测量一窄长平面的直线度误差,仪器的分度值为 0.01mm/m,选用的桥板节距 $L=200mm$,测量直线度记录数据见附表。若被测平面直线度的公差等级为 5 级,试用作图法评定该平面的直线度误差是否合格。

解:按国家标准 GB1184—1996,直线度 5 级公差为 25μm。误差值小于公差值,所以被测工件直线度误差合格。

附表

测点序号 i		0	1	2	3	4	5	6	7	8
仪器读数 a_i(格)	顺测	—	298	300	290	301	302	306	299	296
	回测	—	296	298	288	299	300	306	297	296
	平均	—	297	299	289	300	301	306	298	296
相对差(格)$\Delta a_i = a_i - a$		0	0	+2	−8	+3	+4	+9	+1	−1

注:(1) 表列读数,百分数是从图 3.6 的 11 处读得的,十位数是从图 3.6 的 9 处读得的。
(2) a 值可取任意数,但要有利于相对差数字的简化,本例取 $a=297$ 格。

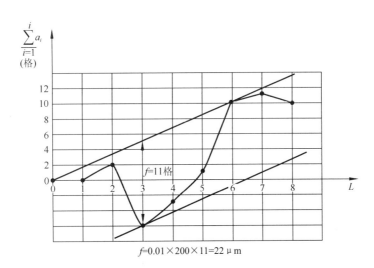

$f=0.01\times200\times11=22\mu m$

参考表格　合像水平仪测量直线度

仪　　器	名　　称			分 度 值 （mm/mm）	
被 测 零 件				直线度公差（μm）	
测点序号	0	1	2	3	4
第一次相对读数					
第二次相对读数					
平均相对读数					
累积值（格）					

作图计算

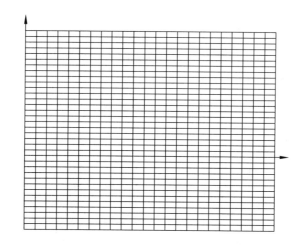

直线度误差		$f=$		μm	
合格性结论		理由		审阅	

3.2.2 用双向自准直仪测量直线度误差

一、实验目的

（1）掌握双向自准直仪测量直线度误差的方法及数据处理。
（2）加深对直线度误差定义的理解。

二、实验设备和工具

1×5 双向自准直仪。

三、实验原理

双向精密自准直仪是一种精密仪器，用一束光线作为测量基准，采用自准直原理进行角或线值测量。它由本体 3、反射镜 1 和外接电源 10 等部分组成，其中本体包括光管和游标读数器等，其外形结构如图 3-8 所示。

图 3-8 双向精密自准直仪外形结构
1—反射镜；2—望远镜；3—本体；4—换向定位螺钉；5—二维测微器；6—观察目镜组；
7—游标读数器一；8—游标读数器二；9—导电插柱；10—外接电源

测量时，本体安放在被测工件之上或之外的固定位置，反射镜安放在桥上或是工件的被测表面上，如安放在桥上，则需把桥放置在实际被测表面上。双向自准直仪的光学系统（图 3-9）由灯源 2 发出的光线，经聚光镜 3、反射镜 4 和滤色片 5 后，照明指示分划板 6，获得均匀照明视场，当此像被放大镜垂直反射后，仍进入望远物镜组 12 并聚焦于指标分划板的同一平面，即获得双向自准直仪的工作原理。为了获得高精度角值或线值的测量，经望远物镜组 12 的反射像进入立方棱镜组 10 组合后分为两路，一路被立方棱镜透射，聚焦于指标分划板的同一平面，用于自准直校正；另一路由立方棱镜成垂直反射，聚焦于 X、Y 向瞄准分划板 7 与 8 的同一平面。此时，以观察目镜组 9 进行瞄准，即可获得角位移和线位移的测量。

测量中，若反射镜 1 与平行光束互相垂直，则平行光束沿原光路反射后成像在目镜分划板的影像（亮十字影像）经立方棱镜组 10 并被其中的半透明膜向上反射到 X、Y 向瞄准分划板，且与瞄准分划板的指示线重合，如图 3-10（a）所示。如果被测表面凸凹不平，使反射镜 13 倾斜一个角度 α，那么反射光轴与入射光轴成 2α 角，使亮十字影像相对于瞄准分划板的指示线产生相应的偏移量 Δ，如图 3-10（b）所示。偏移量的数值经调整后与瞄准分划板的指示线重合，并读出瞄准分划板上的游标读数器旋转的格数。

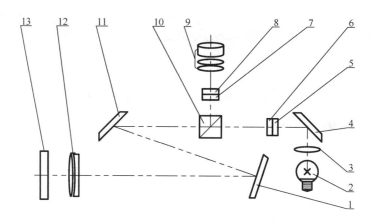

图 3-9 双向自准直仪的光学系统原理图

1—反射镜一；2—灯源；3—聚光镜；4—反射镜；5—滤色片；6—指示分划板；7—X 向瞄准分划板；
8—Y 向瞄准分划板；9—观察目镜组；10—立方棱镜组；11—反射镜二；12—望远物镜组；13—反射镜

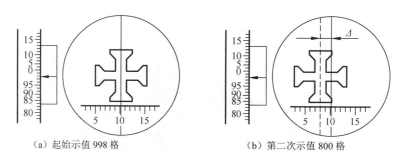

（a）起始示值 998 格　　　　（b）第二次示值 800 格

图 3-10 测量时示值的读取

游标读数器有 100 格等分的圆周刻度，游标读数器每转一转，就使瞄准分划板上的指示线相对于固定分划板上的刻线尺移动一个刻度间距。游标读数器每格的角值分度为 1″，则其线值分度值用 0.005mm/m 或 0.005/1000 表示。如果所使用桥板的跨距 L 为 200mm，则游标读数器每格的实际分度值 $i=200×0.005/1000=0.001$mm$=1$μm。这样，就可以由影像偏移量（格数）计算出被测表面与桥板两端的两个触点相对于光轴的高度差 h，故 $h=i×\Delta$（μm）。

四、实验步骤

（1）沿工件被测直线的方向将自准直仪本体安放在工件体上或体外，在被测直线旁标出均匀布点的各测点的位置，并将反射镜安放在工件被测表面上的第一个测点。接通电源，使光线照准反射镜。

（2）调整自准直仪本体的位置，使十字分划的影像在反射镜位于被测直线的两端时均能进入现场。然后，将本体的位置加以固定。

（3）将反射镜移到靠近自准直仪本体的被测直线的第一个测点。调整瞄准分划板的指示线位置，使它位于亮十字像中间，如图 3-10（a）所示，从游标读数器上读出并记录起始示值 Δ_i（格数）。

（4）按各测点的位置依次逐段地移动反射镜，观察目镜中亮十字影像相对于指示线的偏移量，同时旋转游标读数器，使目镜中的十字影像再次与瞄准分划板的指示线重合，并记录游标读数器旋转的格数，每测量一次时游标读数器的示值为 Δ_i（格数），i 表示测点序号。由始测点顺测到终测点后，再由终测点返测到始测点。

（5）将在各个测量间隔上记录的两次示值分别填入各个测量间隔往复数据表格内，若某个测量间隔两次示值的差异较大，则表明测量不正常，查明原因后重测。

（6）按最小条件和两端点连线法处理测数据，求解直线度误差值。

五、数据处理

用双向自准直仪测量的某导轨的直线度误差，仪器分度值为 0.005mm/m，选用桥板节距 L=100mm，测量直线度记录数据如表 3-1，试用作图法评定该导轨的直线度误差，如图 3-11 所示。

表 3-1 导轨直线度误差的测量数据

测点序号 i		0	1	2	3	4	5	6	7	8
仪器读数 a_i	顺测	—	298	300	290	301	302	306	299	296
	回测	—	296	298	288	299	300	306	297	296
	平均	—	297	299	289	300	301	306	298	296
相对差（格） $\Delta a_i = a_i - a$		0	0	+2	−8	+3	+4	+9	+1	−1
累计值 $\sum a_i$		0	0	+2	−6	−3	+1	+10	+11	+10

注：a 值可取任意数，但要有利于数字的简化，本例 a 值取 297。

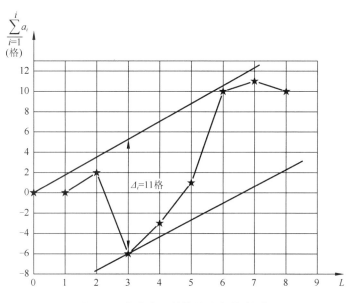

图 3-11 直线度误差的最小条件法图解

采用最小条件作图求解出被测表面直线度误差值 Δ（格）后，按以下公式将其转换为直线度的误差数值 f，即

$$f = 分格值 \times \Delta \times L / 分格值标准\ L$$

由以上公式可以计算出被测导轨的直线度误差 f，即

$$f = 0.005 \times 11 \times 100/1000\ \text{mm} = 0.0055\text{mm} = 5.5\mu\text{m}$$

参考表格　用双向自准直仪测量直线度误差

（1）仪器名称、型号_____
（2）仪器测量范围_____；仪器刻度值_____
（3）被测零件基本尺寸_____；公差等级_____；桥板长度_____
（4）测量数据处理

测　定　点	0	1	2	3	4	5
顺测读数 a_i	—					
回测读数 a_i'						
平均值 $(a_i + a_i')/2$						
相对某数的差 Δa_i	0					
累计值 $\sum a_i$	0					

$$\sum a_i = \sum a_{(i-1)} + a_i \qquad a_i = \overline{a}_i - a$$

（5）做出最小包容条件下的曲线图并计算直线度误差。

（6）按图示方法用指示表以平板为基准测量导轨的直线度误差，一次测得的各点读数 A_i 如下表，思考并完成以下问题。

① 指示表的读数 A_i 表示什么意思？
② 画出被测导轨直线度的最小包容区域。
③ 根据最小包容区域法评定该导轨的直线度误差值。

点序	0	1	2	3	4	5
A_i/mm	+0.01	0	+0.03	+0.05	+0.02	−0.02

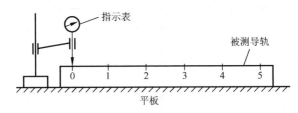

3.3 表面粗糙度测量

一、实验目的

（1）了解双管显微镜测量表面粗糙度的原理和方法。
（2）加深对微观不平度十点高度 Rz 的理解。

二、实验设备和工具

双管显微镜。

三、实验原理

如图 3-12 所示，微观不平度十点高度 Rz 是在取样长度 l 内，从平行于轮廓中线 m 的任意一条线算起，到被测轮廓的五个最高点（峰）和五个最低点（谷）之间的平均距离，即

$$Rz = \frac{(h_2 + h_4 + \cdots + h_{10}) - (h_1 + h_3 + \cdots + h_9)}{5}$$

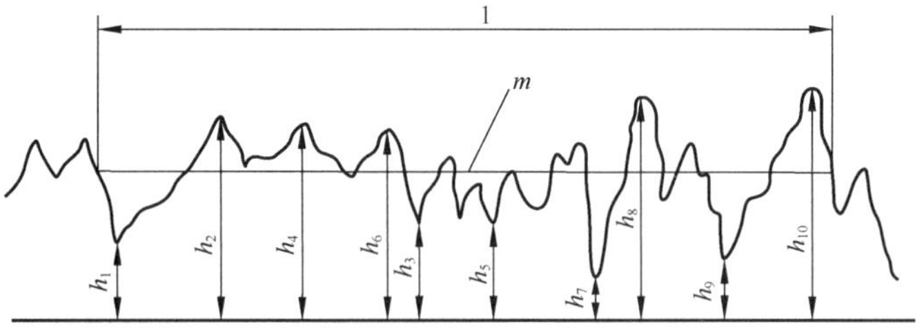

图 3-12　被测轮廓曲线图

用双管显微镜能测量表面粗糙度为 1～80μm 的 Rz 值，其外形结构和主要构成如图 3-13 所示。

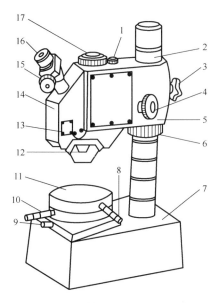

图 3-13　双管显微镜的外形结构

1—光源；2—立柱；3—锁紧螺钉；4—微调手轮；5—横臂；6—调节螺母；7—底座；8—纵向千分尺；9—工作台固紧螺钉；10—横向千分尺；11—工作台；12—物镜组；13—手柄；14—壳体；15—目镜测微鼓轮；16—目镜；17—相机安装孔

双管显微镜是利用光切原理来测量表面粗糙度的,如图 3-14 所示,被测表面为 P_1、P_2 阶梯表面,当一平行光束从 45°方向投射到阶梯表面上时,就被折成 S_1 和 S_2 两段。从垂直于光束的方向上就可在显微镜内看到 S_1 和 S_2 两段光带的放大像 S_1' 和 S_2'。同样,S_1 和 S_2 之间的距离 h 也被放大为 S_1' 和 S_2' 之间的距离 h_1'。通过测量和计算,可求得被测表面的不平度高度 h。

图 3-15 所示为双管显微镜的光学系统。由光源 1 发出的光,经聚光镜 2、狭缝 3、物镜 4,以 45°方向投射到被测工件表面。调整仪器使反射光束进入与投射光管垂直的观察光管内,经物镜 5 成像在目镜分划板 6 上,通过目镜 7 可观察到不平的光带,如图 3-16(b)所示。

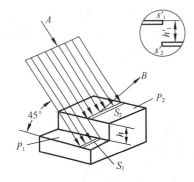

图 3-14 双管显微镜的光切原理

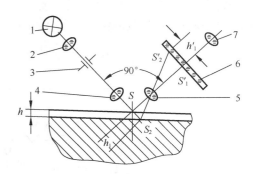

图 3-15 双管显微镜的光学系统
1—光源;2—聚光镜;3—狭缝;4、5—物镜;6—目镜分划板;7—目镜

光带边缘即工件表面上被照亮了的 h_1 的放大轮廓像为 h_1',测量光带边缘的宽度 h_1',可求出被测表面的不平度高度 h,即

$$h = h_1 \times \cos 45° = (h_1'/N) \times \cos 45°$$

式中　N——物镜放大倍率。

为了测量和计算方便,测微目镜中十字线移动方向和被测量光带边缘宽度 h_1' 成 45°斜角,如图 3-16(a)、图 3-16(b)所示,故目镜测微器刻度套筒上的读数值 h_1'' 与不平度高度的关系为

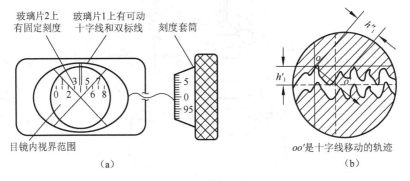

图 3-16 双管显微镜的目镜视场

$$h_1'' = h_1' / \cos 45° = N \times h / \cos^2 45°$$

所以

$$h = h_1'' \cos^2 45° / N = h_1'' / 2N$$

式中，$1/2N = C$，C 为刻度套筒的分度值，也称为换算系数，它与投射角 α、目镜测微器的结构和物镜放大倍数有关。

四、实验步骤

（1）根据被测工件表面粗糙度的要求，按表 3-2 选择合适的物镜组，分别安装在投射光管和观察光管的下端。

表 3-2　被测表面粗糙度与物镜组的关系

物镜放大倍数 N	总放大倍数	视场直径	物镜工作距离	测量范围 Rz	表面粗糙度 Ra
7×	60×	2.5mm	17.8mm	10～80μm	1.6～12.5μm
14×	120×	1.3mm	6.8mm	3.2～10μm	0.4～1.6μm
30×	260×	0.6mm	1.6mm	1.6～6.3μm	0.4～0.8μm
60×	520×	0.3mm	0.65mm	0.8～3.2μm	0.1～0.4μm

（2）接通电源。

（3）擦净被测工件表面，把它安放在工作台上，并使被测表面切削痕迹的方向与光带垂直，当测量圆柱形工件时，应将工件置于 V 形块上。

（4）粗调节：如图 3-13 所示，用手托横臂 5，松开锁紧螺钉 3，缓慢旋转横臂调节螺母 6，使横臂 5 上下移动，直到目镜中观察到绿色光带和表面轮廓不平度的影像，如图 3-16（b）所示；然后，将螺钉 3 固紧；要注意防止物镜与工件表面相碰，以免损坏物镜组。

（5）细调节：缓慢而往复转动微调手轮 4，使目镜中光带最狭窄、轮廓影像最清晰并位于视场中央。

（6）转动目镜测微鼓轮 15，使目镜中十字线的一根线与光带轮廓中心线大致平行（此线代替平行于轮廓中线的直线）时；然后固定测微鼓轮。

（7）根据被测表面粗糙度 Rz 的数值，按国家标准 GB/T 1031—1995 的规定选取取样长度和评定长度。

（8）旋转目镜测微器的刻度套筒，使目镜中十字线的一根线与光带轮廓一边的波峰（或波谷）相切，如图3-16（b）所示的实线，并从测微器读出被测表面的波峰（或波谷）的数值。以此类推，在取样长度范围内分别测出五个最高点（波峰）和五个最低点（波谷）的数值，然后计算出 Rz 的数值。

（9）纵向移动工作台，按上述第 8 项测量步骤在评定长度范围内，共测出 n 个取样长度上的 Rz 值，取它们的平均值作为被测表面微观不平度十点高度，并按下式计算，即

$$Rz_{(平均)} = \sum_{1}^{n} Rz / n$$

参考表格　用双管显微镜测量表面粗糙度

（1）仪器名称、型号：_____，测量范围：_____

（2）被测表面粗糙度估计为_____级

（3）选用物镜放大倍数：_____，目镜分尺刻度值：_____

（4）测量基本长度_____

（5）测量结果_____（单位：μm）

波峰读数：h_1=_____，　　h_3=_____，　　h_5=_____，
　　　　　h_7=_____，　　h_9=_____；

波谷读数：h_2=_____，　　h_4=_____，　　h_6=_____，
　　　　　h_8=_____，　　h_{10}=_____；

（6）计算和评定。

Rz =_____
　　=_____
　　=_____
　　=_____

根据 GB/T 1031—1995 的 Rz 值评定为_____粗糙度

3.4 角度和锥度测量

3.4.1 万能角度尺的使用

一、实验目的

（1）掌握角度规的读数原理及读数方法。
（2）学会使用角度规测量工件的角度。

二、实验设备和工具

角度规。

三、实验原理

1. 角度规的结构（图 3-17）

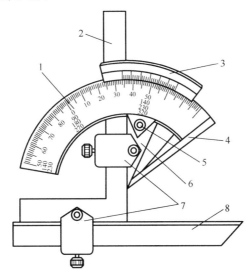

图 3-17　角度规的结构
1—微动装置（在主尺背面）；2—直角尺；3—游标尺；4—扇形板；5—制动器；
6—测量面；7—卡块；8—直尺

2. 角度规的读数原理

角度规的读数原理与其他游标量具相同，也是利用主尺刻线间距与游标刻线间距之差进行小数部分的读数。

如图 3-17 所示，主尺的分度每个等于 $1°$，游标的分度方法是将主尺 29 个格的一段弧长分为 30 个格，则

$$游标每格 = 29°/30 = 60' \times 29/30 = 58'$$

主尺一格与游标一格之差为

$$1° - 29°/30 = 60' - 58' = 2'$$

所以角度规的分度值是 2′。

3. 读数方法

在主尺上读取"度"数，在游标上读取"分"数。

4. 检查角度规零位是否正确

使用前，将角度规的各测量面擦干净之后，应先检查零件是否正确。

5. 根据被测角度选用角度规的测量尺

当测量 0°～50° 的角度时，应装上直角尺和直尺，如图 3-18 所示。

当测量 50°～140° 的角度时，只需装上直尺，如图 3-19 所示。

当测量 140°～230° 的角度时，只需装上直角尺，如图 3-20 所示。装直角尺时，应注意使直角尺短边和长边的交点与基尺的尖端对齐。

当测量 230°～320° 的角度时，不装直角尺和直尺，只使用基尺和扇形板的测量面进行测量，如图 3-21 所示。

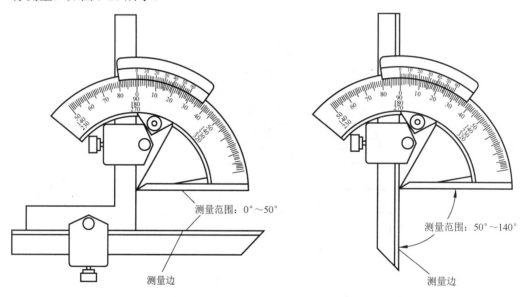

图 3-18　测量 0°～50° 的角度时角度规的使用　　图 3-19　测量 50°～140° 的角度时角度规的使用

四、实验步骤

1. 圆锥面斜角的测量

（1）根据被测角度选择并装好测量尺，调整角度规的角度稍大于被测角度，圆锥面斜角粗略估计在 100° 左右，故选用 50°～140° 范围内的，装上直尺。

（2）将工件放在基尺与测量尺测量面之间，使工件的一个被测面与基尺测量面接触。

（3）利用微动装置，使测量尺与工件另一被测面充分接触好。

（4）紧固制动器之后即可进行读数，测得锥面的斜角为 $\alpha = 91°32′$。

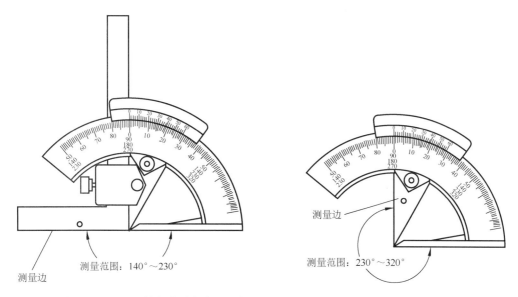

图 3-20 测量 140°～230°的角度时角度规的使用   图 3-21 测量 230°～320°的角度时角度规的使用

2. 圆锥面锥角的测量

（1）目测锥角的大小，一般为 0°～50°，故选用直尺和直角尺一起装上，调整角度规的角度使之略大于锥角。

（2）同步骤（1），将工件放在基尺与测量尺测量面之间，使工件的一个被测面与基尺测量面接触。

（3）利用微动装置，使测量尺与工件另一被测面充分接触。

（4）紧固制动器之后即可进行读数，所测得的锥角为 $\beta = 3°18'$。

五、数据处理与分析

测量出锥面斜角后，可通过计算求出锥角值，由图 3-22 可知

$$\beta = (\alpha - 90°) \times 2$$

即

$$\beta = (91°32' - 90°) \times 2 = 3°4'$$

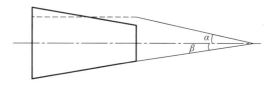

图 3-22

参考表格　万能角度尺的使用

（1）仪器名称、型号：_____，测量范围：_____。

（2）被测圆锥面斜角估计为_____度，被测圆锥面锥角估计为_____度。

（3）测量圆锥面斜角选用测量区间：_____，锥角选用测量区间：_____。

（4）测量角度_____。

测量项目	测量次数	测量值	计算值	平均值
圆锥面斜角	1			
	2			
	3			
圆锥面锥角	1			
	2			
	3			

3.4.2 用正弦尺测量圆锥角偏差

一、实验目的

了解正弦尺测量外圆锥度的原理和方法。

二、实验设备和工具

正弦尺。

三、实验原理

正弦尺是间接测量角度的常用计量器具之一，它需要与量块、指示表等配合使用。正弦尺的结构如图 3-23 所示。它由主体和两个圆柱等组成，分窄型和宽型两种。

正弦尺测量角度的原理是以利用直角三角形的正弦函数为基础，如图 3-24 所示。

测量时，先根据被测圆锥塞规的公称圆锥角（α），按下式计算出量块组的高度 h

$$h = L\sin\alpha$$

式中

L——正弦尺两圆柱间的中心距（100mm 或 200mm）。

根据计算的 h 值组合量块，垫在正弦尺的下面，如图 3-23 所示，因而正弦尺的工作面与平板的夹角为 α。然后，将圆锥塞规放在正弦尺的工作面上，如果被测圆锥角恰好等于公称圆锥角，则指示表在 e、f 两点的示值相同，即圆锥塞规的素线与平板平行。反之，e、f 两点的示值必有一差值 n，这表明存在圆锥角偏差。若实际被测圆锥角 $\alpha' > \alpha$，则 $e - f = +n$，如图 3-25（a）所示；若 $\alpha' < \alpha$，则 $e - f = -n$，如图 3-25（b）所示。

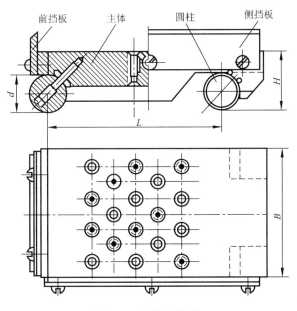

图 3-23 正弦尺结构

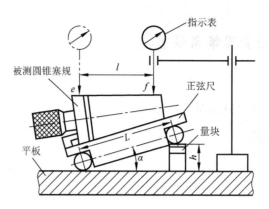

图 3-24　正弦尺测量角度原理

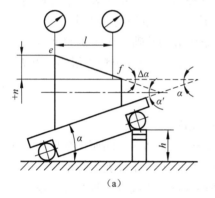 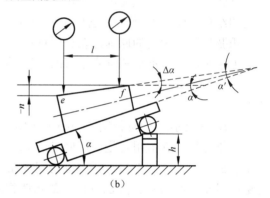

图 3-25　用正弦尺测量圆锥角偏差

由图 3-24 可知，圆锥角偏差 $\Delta\alpha$ 按下式计算

$$\Delta\alpha = \tan(\Delta\alpha) = \frac{n}{l}$$

式中　l——e、f 两点间的距离；

　　　n——指示表在 e、f 两点的读数差。$\Delta\alpha$ 的单位为弧度，l 弧度（md）=2×10^5s（″）

四、实验步骤

（1）根据被测锥度塞规的公称圆锥度（α）及正弦尺圆柱中心距 L，按公式 $h = L\sin\alpha$ 计算量块组的尺寸，并组合好量块。

（2）将组合好的量块组放在正弦尺一端的圆柱下面，然后将圆锥塞规稳放在正弦尺的工作面上（应使圆锥塞规轴线垂直于正弦尺的圆柱轴线）。

（3）用带架的指示表，在被测圆锥塞规素线上距离两端分别不小于 2mm 的 e、f 两点进行测量和读数。测量前指示表的测头应先压缩 1～2mm。

（4）如图 3-25 所示，将指示表在 e 点处前后推移，记下最大读数。再在 f 点处前后推移，记下最大读数。在 e、f 两点各重复测量三次，取平均值后，求出 e、f 两点的高度差 n，然后测量 e、f 两点间的距离 l。圆锥角偏差按下式计算

$$\Delta\alpha = \frac{n}{l}(\text{弧度}) = \frac{n}{l}\times 2\times 10^5(\text{s})$$

（5）将测量结果记入实验报告，查出圆锥角极限偏差，并判断被测塞规的适用性。

参考表格　用正弦尺测量圆锥角偏差

（1）仪器名称、型号：_____，测量范围：_____。
（2）被测圆锥公称圆锥角度为_____度。
（3）量块选择：_____。
（4）测量结果

测量项目	测量次数	测量值	计算值	平均值
圆锥角	1			
	2			
	3			
圆锥角偏差	1			
	2			
	3			

（5）结论

3.5 螺纹测量

一、实验目的

熟悉测量外螺纹中径的原理和方法。

二、实验设备和工具

（1）螺纹千分尺。
（2）被测工件。

三、实验原理

1. 用螺纹千分尺测量外螺纹中径

图 3-26 所示为螺纹千分尺的外形。它的构造与外径千分尺基本相同，只是在测量砧和测量头上装有特殊的测量头 1 和测量头 2，用它来直接测量外螺纹的中径。螺纹千分尺的分度值为 0.01mm。测量前，用尺寸样板 3 来调整零位。每对测量头只能测量一定螺距范围内的螺纹，使用时根据被测螺纹的螺距大小，按螺纹千分尺附表来选择，测量时由螺纹千分尺直接读出螺纹中径的实际尺寸。

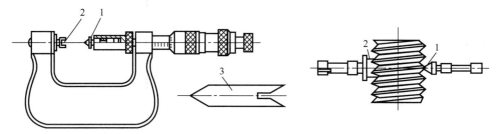

图 3-26　千分尺的外形
1，2—测量头；3—尺寸样板

2. 用三针测量外螺纹中径

图 3-27 所示为用三针测量外螺纹中径的原理示意，这是一种间接测量螺纹中径的方法。测量时，将三根精度很高、直径相同的量针放在被测螺纹的牙凹中，用测量外尺寸的计量器具，如千分尺、机械比较仪、光较仪、测长仪等测量出尺寸 M。再根据被测螺纹的螺距 P、牙形半角 $\dfrac{\alpha}{2}$ 和量针直径 d_m，计算出螺纹中径 d_2。由图 3-27 可知

$$d_2 = M - 2AC = M - 2(AD - CD)$$

而

$$AD = AB + BD = \frac{d_m}{2} + \frac{d_m}{2\sin\dfrac{\alpha}{2}} = \frac{d_m}{2}\left(1 + \frac{1}{\sin\dfrac{\alpha}{2}}\right)$$

$$CD = \frac{P\cot\dfrac{\alpha}{2}}{4}$$

将 AD 和 CD 值代入上式，得

$$d_2 = M - d_m\left(1 + \frac{1}{\sin\frac{\alpha}{2}}\right) + \frac{P}{2}\cot\frac{\alpha}{2}$$

对于公制螺纹，$\alpha = 60°$，则

$$d_2 = M - 3d + 0.866P$$

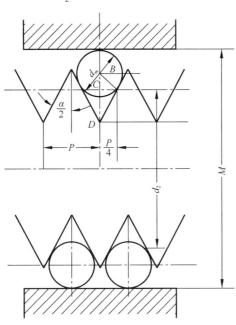

图 3-27 用三针测量外螺纹中径的原理示意

为减少螺纹牙形半角偏差对测量结果的影响，应选择合适的量针直径，该量针与螺纹牙形的切点恰好位于螺纹中径处。此时所选择的量针直径 d_m 为最佳量针直径。由图 3-28 可知

$$d_m = \frac{P}{2\cos\frac{\alpha}{2}}$$

对于公制螺纹，$\alpha = 60°$，则

$$d_m = 0.577P$$

在实际工作中，如果成套的三针中没有所需的最佳量针直径时，可选择与最佳量针直径相近的三针来测量。

量针的精度分成 0 级和 1 级两种：0 级用于测量中径公差为 4～8μm 的螺纹塞规；1 级用于测量中径公差大于 8μm 的螺纹塞规或螺纹工件。

测量 M 值所用的计量器具的种类很多，通常根据工件的精度要求来选择。本实验采用杠杆千分尺来测量，如图 3-29 所示。杠杆千分尺的测量范围有 0～25mm、25～50mm、50～

75mm，75～100mm 四种，分度值为 0.002mm。它有一个活动量砧 1，其移动量由指示表 7 读出。

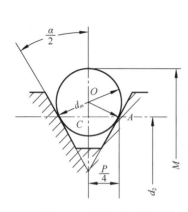

图 3-28 量针选择示意

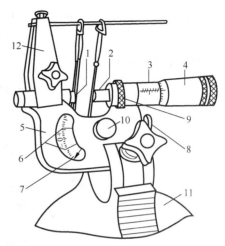

图 3-29 杠杆千分尺外形
1，2—活动量砧；3—套筒管；4—微分筒；5—尺体；
6—指标；7—指示表；8—按钮；9—制动器；
10—标牌；11—尺座；12—三针挂架

测量前将尺体 5 装在尺座上，然后校对千分尺的零位，使刻度套筒管 3、微分筒 4 和指示表 7 的示值都分别对准零位，然后用制动器 9 锁住。测量时，当被测螺纹放入或退出两个量砧 1 和 2 之间时，必须按下右侧的按钮 8 使量砧离开，以减少量砧的磨损。在指示表 7 上装有两个指标 6，用来确定被测螺纹中径上、下偏差的位置，以提高测量效率。

四、实验步骤

1. 用螺纹千分尺测量外螺纹中径

（1）根据被测螺纹的螺距，选取一对测量头。

（2）擦净仪器和被测螺纹，校正螺纹千分尺零位。

（3）将被测螺纹放入两测量头之间，找正中径部位。

（4）分别在同一截面相互垂直的两个方向上测量螺纹中径。取它们的平均值作为螺纹的实际中径，然后判断被测螺纹中径的适用性。

2. 用三针测量外螺纹中径

（1）根据被测螺纹的螺距，计算并选择最佳量针直径 d_m。

（2）在尺座上安装好杠杆千分尺和三针。

（3）擦净仪器和被测螺纹，校正仪器零位。

（4）将三针放入螺纹牙凹中，旋转杠杆千分尺的微分筒 4，使两端活动量砧 1、2 与三针接触，然后读出尺寸 M 的数值。

（5）在同一截面相互垂直的两个方向上测出尺寸 M，并按平均值用公式计算螺纹中径，然后判断螺纹中径的适用性。

参考表格　外螺纹中径测量

仪　器	名　　　称	分　度　值		测量范围
被测丝杠参数	基　本　尺　寸	公差	中　径　公　差	
			牙型半角公差	
	牙　型　角		螺　距　公　差	
	$\alpha =$		大　径　公　差	
测量记录	中　　径 $d_{2实际}=\dfrac{d_{2左}+d_{2右}}{2}=$	牙型半角 $\Delta\dfrac{\alpha}{2}=$		螺　　距 $\Delta P=$
测量结果				
合格性结论				
审　阅				

3.6 圆柱齿轮参数和误差测量

3.6.1 公法线平均长度偏差与公法线长度变动测量

一、实验目的

（1）掌握测量齿轮公法线长度的方法。
（2）加深理解齿轮公法线长度及其偏差的定义。

二、实验设备和工具

（1）公法线千分尺。
（2）量块。
（3）被测工件。

三、实验原理

公法线长度偏差是指在齿轮一周内，实际公法线长度 W_a 与公称公法线长度 W 之差，如图 3-30 所示。

公法线长度偏差是齿厚偏差的函数，能反映齿轮副侧隙的大小，可规定极限偏差（上偏差 E_{bns}、下偏差 E_{bni}）来控制公法线长度偏差。

对外齿轮为

$$W+E_{bni} \leqslant W_a \leqslant W+E_{bns}$$

对内齿轮为

$$W-E_{bni} \leqslant W_a \leqslant W-E_{bns}$$

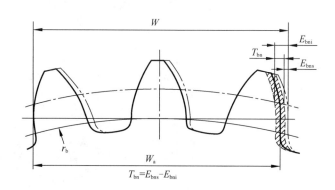

图 3-30　公法线长度偏差

测量公法线长度偏差时，需先计算被测齿轮公法线长度的公称值 W，然后按 W 值组合量块，用以调整两量爪之间的距离。沿齿圈进行测量，所测公法线长度与公称值之差，为公法线长度偏差。

公法线即基圆的切线。渐开线圆柱齿轮的公法线长度 W 是指跨越 k 个齿的两异侧齿廓的平行切线间的距离，理想状态下公法线应与基圆相切。公法线长度变动是指在齿轮一周范围内,实际公法线长度的最大值与最小值之差,如图 3-31 所示。

公法线长度变动ΔF_w一般可用公法线千分尺或万能测齿仪进行测量。公法线千分尺是用相互平行的圆盘测头,插入齿槽中进行公法线长度变动的测量,如图 3-32 所示,$\Delta F_w = W_{max} - W_{min}$。若被测齿轮轮齿分布疏密不均,则实际公法线的长度就会有变动。但公法线长度变动的测量不是以齿轮基准孔轴线为基准,它反映齿轮加工时的切向误差,不能反映齿轮的径向误差,可作为影响传递运动准确性指标中属于切向性质的单项性指标。

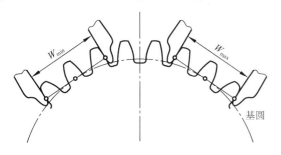 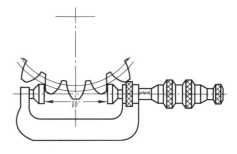

图 3-31 实际公法线长度的最大值与最小值之差　　图 3-32 公法线长度变动测量

必须注意,测量时应使量具的量爪测量面与轮齿的齿高中部接触。为此,测量所跨的齿数 k 应按下式计算

$$k = \frac{z}{9} + 0.5$$

四、实验步骤

(1) 按下式计算直齿圆柱齿轮公法线长度 W

$$W = m\cos\alpha_f \left[\pi(n-0.5) + z\ inv\alpha_f\right] + 2\xi m\sin\alpha_f$$

式中

　　m——被测齿轮的模数(mm);

　　α_f——齿形角;

　　z——被测齿轮齿数;

　　n——跨齿数($n \approx \frac{\alpha_f}{\pi}z + 0.5$,取整数)。

当 $\alpha_f = 20°$,变位系数 $\xi = 0$ 时,则

$$W = m[1.476(2n-1) + 0.014z]$$

式中,$n = 0.111z + 0.5$;W 和 n 值也可以从表 3-3 查出。

(2) 按公法线长度的公称尺寸组合量块,如图 3-33 所示。

(3) 调整仪器。用公法线千分尺测量时,先用校对量块检查其零位,然后直接测量。用组合好的量块组调节固定卡脚 5 与活动卡脚 6 之间的距离,使指示表 10 的指针压缩一圈后再对零。然后压紧按钮 8,使活动卡脚退开,取下量块组。

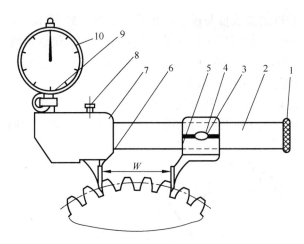

图 3-33 公法线千分尺测量组合量块
1—钥匙；2—杆体；3—开口槽；4—开口套；5—固定卡脚；
6—活动卡脚；7—卡规体；8—按钮；9—锁紧螺母；10—指示表

（4）在公法线卡规的两个卡脚中卡入齿轮，沿齿圈的不同方位测量 4～5 个以上的值（最好测量全齿圈值）。测量时应轻轻摆动卡规，按指针移动的转折点（最小值）进行读数。读数的值就是公法线长度偏差。

（5）将所有的读数值平均，它们的平均值为公法线长度偏差 E_w。

按齿轮图样标注的技术要求，确定公法线长度上偏差 E_{bns} 和下偏差 E_{bni}，并判断被测齿轮的适用性。

（6）公法线长度变动的测量。将公法线千分尺粗调到计算出的公称值后，在齿宽中部截面上，依次沿整个圆周进行测量，从中选取最大读数与最小读数之差即可。

表 3-3 $m=1$、$\alpha_f=20°$ 的标准直齿圆柱齿轮的公法线长度

齿轮齿数 z	跨齿数 n	公法线公称长度 W	齿轮齿数 z	跨齿数 n	公法线公称长度 W	齿轮齿数 z	跨齿数 n	公法线公称长度 W
15	2	4.6383	27	4	10.7106	39	5	13.8308
16	2	6523	28	4	7246	40	5	8448
17	2	4.6663	29	4	7386	41	5	8588
18	3	7.6324	30	4	7526	42	5	8728
19	3	6464	31	4	7666	43	5	8868
20	3	6604	32	4	7806	44	5	13.9008
21	3	6744	33	4	7946	45	6	16.8670
22	3	6884	34	4	8086	46	6	8881
23	3	7024	35	4	10.8226	47	6	8950
24	3	7165	36	5	13.7888	48	6	9090
25	3	7305	37	5	8028	49	6	9230
26	3	7.7445	38	5	8168	50	6	16.9370

注：对于其他模数的齿轮，则将表中的数值乘以模数。

参考表格　公法线平均长度偏差与公法线长度变动测量

	名　　称	分 度 值/mm	测量范围/mm		
	模　数　m	齿　数　z	压 力 角 α	精 度 等 级	
被测齿轮参数	跨齿数 $=\dfrac{z}{9}+\dfrac{1}{2}=$		公法线公称长度 $W=$ （mm）		
	齿厚上偏差 $E_{sns}=$　　　　　　（mm）				
	齿厚下偏差 $E_{sni}=$　　　　　　（mm）				
	公法线平均长度的上偏差 $E_{bns}=E_{sns} \cdot \cos\alpha_n - 0.72 F r \sin\alpha_n =$　　　　　（mm）				
	公法线平均长度的下偏差 $E_{bni}=E_{sni} \cdot \cos\alpha_n + 0.72 F r \sin\alpha_n =$　　　　　（mm）				
测量记录	序号（均匀测量）	1	2	3	4	5
	公法线长度/mm					
测量结果	公法线平均长度 $\overline{W}=$　　　　　　　　　　　（mm）				
	公法线长度偏差 $E_w=\overline{W}-W=$　　　　　　　（mm）				
合 格 性 结 论					
理　　　　由					
审　　　　阅					

3.6.2 齿厚偏差测量

一、实验目的

（1）掌握测量齿轮齿厚的方法。
（2）加深理解齿轮齿厚偏差的定义。

二、实验设备和工具

（1）齿轮游标尺。
（2）外径千分尺。
（3）被测工件。

三、实验原理

齿厚偏差 ΔE_s 是指在分度圆柱面上，法向齿厚的实际值与公称值之差。

图 3-34 所示为测量齿厚偏差的齿轮游标尺。是由两套相互垂直的游标尺组成的。垂直游标尺用于控制测量部位（分度圆至齿顶圆）的弦齿高 h_f，水平游标尺用于测量所测部位（分度圆）的弦齿厚 $S_{f(实际)}$。齿轮游标尺的分度值为 0.02mm，其原理和读数方法与普通游标尺相同。

用齿轮游标尺测量齿厚偏差，是以齿顶圆为基础。当齿顶圆直径为公称值时，直齿圆柱齿轮分度圆处的弦齿高 h_f 和弦齿厚 S_f 由图 3-35 可得：

$$h_f = h' + x = m + \frac{zm}{2}\left[1 - \cos\frac{90°}{z}\right]$$

$$S_f = zm\sin\frac{90°}{z}$$

式中

m——齿轮模数（mm）；

z——齿轮齿数。

当齿轮为变位齿轮且齿顶圆直径有误差时，分度圆处的弦齿高 h_f 和弦齿厚 S_f 应按下式计算

$$h_f = m + \frac{zm}{2}\left[1 - \cos\left(\frac{\pi + 4\xi\tan\alpha_f}{2Z}\right)\right] - (R_e - R_e')$$

$$S_f = zm\sin\left[\frac{\pi + 4\xi\sin\alpha_f}{2z}\right]$$

式中，ξ 为移距系数；α_f 为齿形角；R_e 为齿顶圆半径的公称值；R_e' 为齿顶圆半径的实际值。

四、实验步骤

（1）测量齿顶圆的实际直径。计算分度圆处弦齿高 h_f 和弦齿厚 S_f（表 3-4）。
（2）按 h_f 值调整齿轮游标尺的垂直游标尺。

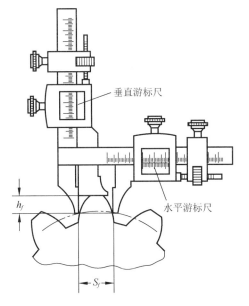 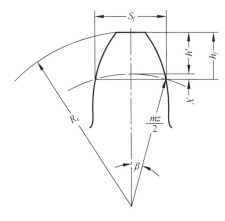

图 3-34 齿轮游标尺　　　　图 3-35 弦齿高和弦齿厚的测量

表 3-4　$m=1$ 时分度圆弦齿高和弦齿厚的数值

z	$z\sin\dfrac{90°}{z}$	$1+\dfrac{z}{2}\left(1-\cos\dfrac{90°}{z}\right)$	z	$z\sin\dfrac{90°}{z}$	$1+\dfrac{z}{2}\left(1-\cos\dfrac{90°}{z}\right)$	z	$z\sin\dfrac{90°}{z}$	$1+\dfrac{z}{2}\left(1-\cos\dfrac{90°}{z}\right)$
11	1.5655	1.0560	29	1.5700	1.0213	47	1.5705	1.0131
12	1.5663	1.0513	30	1.5701	1.0205	48	1.5705	1.0128
13	1.5669	1.0474	31	1.5701	1.0199	49	1.5705	1.0126
14	1.5673	1.0440	32	1.5702	1.0193	50	1.5705	1.0124
15	1.5679	1.0411	33	1.5702	1.0187	51	1.5705	1.0121
16	1.5683	1.0385	34	1.5702	1.0181	52	1.5706	1.0119
17	1.5686	1.0363	35	1.5703	1.0176	53	1.5706	1.0116
18	1.5688	1.0342	36	1.5703	1.0171	54	1.5706	1.0114
19	1.5690	1.0324	37	1.5703	1.0167	55	1.5706	1.0112
20	1.5692	1.0308	38	1.5703	1.0162	56	1.5706	1.0110
21	1.5693	1.0294	39	1.5704	1.0158	57	1.5706	1.0108
22	1.5694	1.0280	40	1.5704	1.0154	58	1.5706	1.0106
23	1.5695	1.0268	41	1.5704	1.0150	59	1.5706	1.0104
24	1.5696	1.0257	42	1.5704	1.0146	60	1.5706	1.0103
25	1.5697	1.0247	43	1.5705	1.0143	61	1.5706	1.0101
26	1.5698	1.0237	44	1.5705	1.0140	62	1.5706	1.0100
27	1.5698	1.0228	45	1.5705	1.0137	63	1.5706	1.0098
28	1.5699	1.0220	46	1.5705	1.0134	64	1.5706	1.0096

注：对于其他模数的齿轮，则将表中的数值乘以模数。

（3）将齿轮游标尺置于被测齿轮上，使垂直游标尺的高度尺与齿顶相接触。然后，移动水平游标尺的卡脚，使卡脚靠紧齿廓。从水平游标尺上读出弦齿厚的实际尺寸（用透光法判断接触情况）。

（4）分别在圆周上间隔相同的几个轮齿上进行测量。

（5）按齿轮图样标注的技术要求，确定齿厚上偏差 E_{sns} 和下偏差 E_{sni}，判断被测齿厚的适用性。

参考表格　齿厚偏差测量

仪器	名　　称		分度值/mm		测量范围/mm	
被测齿轮参数及有关尺寸	模数 m		齿数 z	压力角 α		齿轮精度等级
	齿顶圆公称直径/mm		齿顶圆实际直径/mm	齿顶圆实际偏差/mm		
	分度圆弦齿高 $= m\left[1+\dfrac{z}{2}\left(1-\cos\dfrac{90°}{z}\right)\right]+\dfrac{\text{齿顶圆实际偏差}}{2}=$				（mm）	
	分度圆公称齿厚 $= mz\sin\dfrac{90°}{z}=$				（mm）	
	齿厚极限偏差 $E_{\text{sns}}=$			（mm）		
	$E_{\text{sni}}=$			（mm）		
测量记录	序号（均匀测量）	1	2	3	4	5
	齿厚实测值/mm					
	齿厚实际偏差 E_{Sn}/mm					
计算结果	合　格　性　结　论					
	理　　　　　由					
	审　　　　　阅					

第4章 金属材料性能测定

4.1 金属材料表面硬度测定

一、实验目的

(1) 掌握布氏、洛氏硬度测定的基本原理和硬度值的表示方法。
(2) 掌握布氏、洛氏硬度计的操作方法。
(3) 掌握金属材料布氏硬度、洛氏硬度的测量方法。

二、实验设备及材料

(1) 布氏硬度试验机。
(2) 洛氏硬度试验机。
(3) 读数显微镜。
(4) 试样：$\phi 20$ mm×10 mm，20钢；$\phi 20$ mm×10 mm，45钢和T12钢。正火及淬火状态。

三、实验原理

金属的硬度是金属材料表面在接触应力作用下抵抗塑性变形的一种能力，硬度测量能够给出金属材料软硬程度的数量概念。由于在金属表面以下不同深处材料所承受的应力和所发生的变形程度不同，因此，硬度值可以综合反映压痕附近局部体积内金属的弹性、微量塑变抗力、塑变强化能力，以及大量形变抗力。硬度值越高，表明金属抵抗塑性变形能力越高，材料产生塑性变形就越困难。另外，硬度与其他力学性能（如强度指标σ_b、塑性指标ψ和δ）之间有一定的内在联系，所以从某种意义上说，硬度的大小对于机械零件或工具的使用性能及寿命具有决定性意义。

1. 布氏硬度

金属布氏硬度试验按 GB/T 231.1—2009《金属材料 布氏硬度试验 第1部分：试验方法》进行。这种试验方法是把规定直径（10mm、5mm、2.5mm）的硬质合金球以一定的试验力压入所测材料的表面，如图4-1所示，保持规定时间后，测量表面压痕直径，然后按式（4-1）计算硬度，即

$$\text{HBW} = \frac{2F}{\pi D(D - \sqrt{D^2 - d^2})} \tag{4-1}$$

式中
　　HBW——用钢球（或硬质合金球）试验时的布氏硬度值（MPa）；
　　F——试验力（N）；
　　D——压头钢球直径（mm）；
　　d——压痕平均直径（mm）。

由式（4-1）可以看出，当 F、D 一定时，布氏硬度值仅与压痕直径 d 的大小有关。d 越小，布氏硬度越大，也就是材料硬度越高。反之，则说明材料较软。

布氏硬度习惯上只写出硬度值而不必注明其单位。在实际测试时，也不需要逐次按上述公式进行计算，而是用专用的读数放大镜测出压痕直径 d，如图4-2所示，直接查表就可获得布氏硬度值。

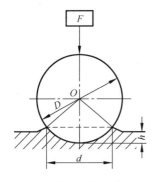

图4-1 布氏硬度测量示意

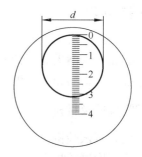

图4-2 用读数放大镜测量压痕直径

由于材料有硬有软，工件有厚、薄、大、小之分，为适应不同情况，在具体测量时只要满足 P/D^2 为常数，则对同一材料来说，布氏硬度值都相同；而对不同材料，所得布氏硬度值是可进行比较的。国家标准规定 P/D^2 比值为 30、10、2.5 三种。按如表4-1所示的布氏硬度试验的规范来选择钢球直径 D 和加压负荷 P 及保压时间。在试样截面大小和厚度允许的情况下，尽可能选用直径大的钢球和大的载荷，这样更接近于材料的真实性能；同时，测量的压痕大，误差也小。测定钢的硬度时，尽可能用 ϕ10mm 钢球和 30 000N 的载荷。

表4-1 布氏硬度实验规范

金属类型	布氏硬度范围/HB	试件厚度/mm	负荷 P 与压头直径 D 的关系	钢球直径 D/mm	负荷 P/N	载荷保持时间/s
黑色金属	140～450	6～3	$P=30D^2$	10.0	30000	10
		4～2		5	7500	
		<2		2.5	1875	
	<140	>6	$P=10D^2$	10.0	10000	10
		6～3		5.0	2500	
		<3		2.5	625	
有色金属	<130	6～3	$P=30D^2$	10.0	30000	30
		4～2		5	7500	
		<2		2.5	1875	
	36～130	2～3	$P=10D^2$	10.0	10000	30
		6～3		5.0	2500	
		<3		2.5	625	
	8～35	>6	$P=2.5D^2$	10.0	2500	60
		6～3		5.0	625	
		<3		2.5	156	

2. 洛氏硬度

金属洛氏硬度试验按 GB/T230.1—2009《金属材料 洛氏硬度试验 第 1 部分：试验方法》进行。这种方法采用金刚石圆锥体或淬火钢球压入金属表面。对硬材料，如淬火后的钢件，用金刚石压头；对较软的金属则用淬火钢球。通常有 60kgf、100kgf 和 150kgf（1kgf=9.8N）三种载荷，而且为了减少因零件表面不光滑而造成的误差，需首先加 10kgf 的初始载荷。洛氏硬度的测试原理示意如图 4-3 所示。

根据所用压头种类和所加载荷的不同，洛氏硬度分为 HRA、HRB、HRC 等。

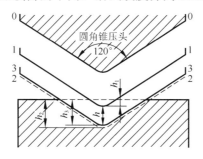

图 4-3 洛氏硬度测试法原理示意
1—加初始实验力 10kgf；2—加主实验力后；3—卸除主试验力后

如果直接用压痕深度的大小作为计量硬度值的指标，势必造成越硬的材料洛氏硬度值越小，而越软的材料的洛氏硬度值越大，不符合人们的习惯。为了与习惯上数值越大硬度越高的概念相一致，将测试结果按照式（4-2）处理，即

$$HR = K - \frac{h}{0.002} \quad (4-2)$$

式中，HR 为洛氏硬度代号；K 为常数，当采用金刚石压头时 $K=100$，用 $\phi 1.588$mm 淬火钢球压头时 $K=130$；规定每 0.002mm 压痕深度为 1 洛氏硬度单位。

由此获得的洛氏硬度值 HR 为一无名数，实验时一般由实验机指示器上直接读出。洛氏硬度的三种标尺中，以 HRC 应用最多，一般经淬火处理的钢或工具钢都采用 HRC 测量。如 50HRC，表示用 HRC 标尺测定的洛氏硬度值为 50。在中等硬度情况下，洛氏硬度 HRC 与布氏硬度 HBS 之间关系约为 1∶10，如 40HRC 相当于 400HBS。硬度值应在有效测量范围内（HRC 为 20~70）为有效。洛氏硬度实验压头、实验力和适用范围如表 4-2 所示。

表 4-2 洛氏硬度实验压头、实验力和适用范围

符号	压头	实验力/kgf	硬度值有效范围	适用范围
HRA	120°金刚石圆锥	60	70~85	碳化物、硬质合金、表面硬化工件等
HRB	1/16 寸钢球	100	25~100	软钢、退火钢、铜合金等
HRC	120°金刚石圆锥	150	20~67	淬火钢、调质钢等
HRD	120°金刚石圆锥	100	40~77	薄钢板、表面硬化工件等
HRE	1/8 寸钢球	100	70~100	铸铁、铝、镁合金、轴承合金等
HRF	1/16 寸钢球	60	40~100	薄硬钢板、退火铜合金等
HRG	1/16 寸钢球	150	31~94	磷青铜、铍青铜等

四、实验步骤

1. 布氏硬度试验

布氏硬度试验机的外形结构如图 4-4 所示,其操作方法如下。

1)试验前的准备工作

(1)检查试样的试验面是否光滑,有无氧化现象或外来污物。

(2)根据材料和预计的布氏硬度范围及试样的厚度,按如表 4-2 所示选择压头直径、试验力及保持时间。

(3)将选定的压头装入硬度计的主轴衬套内并紧固。

(4)按规范调节好时间定位器和砝码。

2)硬度计的操作顺序

(1)将硬度计工作台擦拭干净,使试样平稳地放置在工作台上。

(2)选定测试位置,顺时针旋转升降手轮,使试样试验面与压头接触,并继续转动手轮,直至手轮打滑空转为止。

(3)按下电源开关,电动机启动,开始施加载荷。此时因紧压螺钉已拧松,圆盘并不转动,当红色指示灯闪亮时,迅速拧紧调整螺钉,使刻度盘指针转动,达到预定保持时间后,转动自行停止,试验力自行卸除。

(4)逆时针转动手轮,降下工作台,取下试样。

(5)用读数显微镜在相互垂直的两个方向上测量出压痕直径 d,取其算术平均值作为压痕直径 d。

(6)根据压痕直径 d 和试验规范,得出试样的布氏硬度值。

2. 洛氏硬度试验

洛氏硬度试验机的外形结构如图 4-5 所示,其操作方法如下。

图 4-4 布氏硬度试验机外形结构

图 4-5 洛氏硬度试验机外形结构

1)硬度试验前的准备工作

(1)试样的厚度应大于 10 倍压痕的深度,被测表面应平整光洁,不得带有污物、氧化皮、裂缝及显著的加工痕迹,支撑面应保持清洁。

(2)根据试样的形状及尺寸来选择合适的工作台。

(3)根据试样技术要求选择标尺。

（4）根据试验标尺选择并安装压头，压头在安装之前必须清洁干净。

（5）调整保荷时间为 10～12 s。

2）硬度计的操作顺序

（1）将试样放在合适的工作台上。

（2）将手轮顺时针旋转使升降丝杆上升，压头渐渐接触试样，刻度盘指针开始转动，此时小指针从黑点移向红点，当大指针转动 3 圈时，小指针指向红点，此时停止旋转手轮。

（3）微调刻度盘并使之对零。

（4）加主载荷，将加载手柄推向加载位置，主载荷将通过杠杆加于压头上，而使压头压入试样，保持一定时间。

（5）卸除主载荷，使手柄转动至原来位置。

（6）读出硬度值，长指针在卸除主载荷后的停留位置所对应的位置为硬度值。注意，HRB 读红色数字，HRC、HRA 读黑色数字。

（7）逆时针旋转手轮，使试样下降脱离压头，取出试样。

五、注意事项

（1）试样两端要平行，表面要平整，若有油污或氧化皮，可用砂纸打磨，以免影响测定。

（2）圆柱形试样应放在带有"V"形槽的工作台上操作，以防试样滚动。

（3）加载时应细心操作，以免损坏压头。

（4）测完硬度值，卸掉载荷后，必须使压头完全离开试样后再取下试样。

（5）金刚钻压头是贵重物品，资硬而脆，使用时要小心谨慎，严禁与试样或其他物品碰撞。

（6）应根据硬度试验机的使用范围，按规定合理选用不同的载荷和压头，超过使用范围，将不能获得准确的硬度值。

六、实验结果

布氏硬度测定结果、洛氏硬度测试结果如表 4-3 和表 4-4 所示。

表 4-3 布氏硬度测定结果

项目 材料及 处理状态	试验规范			实验结果				平均硬度 值 HBS
	钢球 直径 d/mm	载荷 P/N	P/D^2	第一次		第二次		
				压痕直径 d/mm	硬度值 HBS	压痕直径 d/mm	硬度值 HBS	

表 4-4 洛氏硬度测定结果

项目 材料及 处理状态	试验规范			测得硬度值			平均硬度值
	压头	总载荷 F/kgf（或 N）	硬度标尺	第一次	第二次	第三次	

4.2 金属的塑性变形和再结晶实验

一、实验目的

（1）了解经冷塑性变形与再结晶退火后对金属组织和性能的影响。
（2）掌握变形程度对金属再结晶晶粒大小的影响。

二、实验设备及材料

1. 实验设备

箱式电阻炉、万能拉伸机、卡尺、低倍 4× 型金相显微镜、洛氏硬度计等。

2. 实验材料

（1）变形度为 0%、30%、50%、70%的工业纯铁试样两套。
（2）工业纯铝试样，尺寸为 160mm×20mm×0.5mm。
（3）腐蚀液：40mL HNO_3+30mL HCl+30mL H_2O+5g 纯 Cu，硝酸溶液。

三、实验原理

金属在外力作用下，当应力超过其弹性极限时将发生不可恢复的永久变形称为塑性变形。金属发生塑性变形后，除了外形和尺寸发生改变外，其显微组织与各种性能也发生明显的变化。

经塑性变形后，随着变形量的增加，金属内部晶粒沿变形方向被拉长为偏平晶粒。变形量越大，晶粒伸长的程度越明显。变形量很大时，各晶粒将呈现出"纤维状"组织。同时内部组织结构的变化也将导致机械性能的变化。即随着变形量的增加，金属的强度、硬度上升，塑性、韧性下降，这种现象称为加工硬化或应变硬化。本实验以工业纯铁为研究对象，了解不同变形量对硬度和显微组织的影响。

冷变形后的金属是不稳定的，在重新加热时会发生回复、再结晶和晶粒长大等过程。其中再结晶阶段金属内部的晶粒将会由冷变形后的纤维状组织转变为新的无畸变的等轴晶粒，这是一个晶粒形核与长大的过程。此过程完成后金属的加工硬化现象消失。金属的力学性能将取决于再结晶后的晶粒大小。对于给定材料，再结晶退火后的晶粒大小主要取决于塑性变形时的变形量及退火温度等因素。变形量越大，再结晶后的晶粒越细；金属能进行再结晶的最小变形量通常在 2%～8%，此时再结晶后的晶粒特别粗大，称此变形度为临界变形度。大于此临界变形度后，随变形量的增加，再结晶后的晶粒逐渐细化。在本实验中将研究工业纯铝经不同变形量拉伸后在 550℃ 温度中再结晶退火后其晶粒大小，从而验证变形量对再结晶晶粒大小的影响。

四、实验步骤

（1）测定工业纯铁的硬度（HRB）与变形度的关系，观察不同塑性变形量后工业纯铁的金相显微组织。

① 将工业纯铁的试样在万能拉伸实验机上分别进行 0%、30%、50%、70%的压缩变形。

② 分别测量变形试样和原始试样的硬度，每个试样至少测三次，取平均值，将测量结果记入数据表 4-5 内。根据表 4-5 中数据，以变形度为横坐标，硬度为纵坐标，绘出硬度与变形度的关系曲线。

③ 观察已制备好的不同变形量下的工业纯铁金相标准试样的显微组织。

（2）测定变形量、退火温度对工业纯铁纯铝片再结晶后晶粒大小的影响。

① 将工业纯铝片进行退火处理（550℃，90min），使之完全软化。

② 在退火后的铝片刻上标距，然后在拉伸实验机上分别做拉伸实验。变形度分别为 0%、3%、8%、10%、15%。拉伸变形结束时，在铝片上试样上打上编号，注明变形度。

③ 变形后的试样分别在 550℃时进行再结晶退火，保温 1h。

④ 退火后的试样用腐蚀液（40mL HNO_3+30mL HCl+30mL H_2O+5g 纯 Cu）进行擦拭腐蚀。当表面出现清晰的晶粒时停止腐刻用水冲洗。如果铝片上还有黑色沉淀物时用 3%HNO_3 溶液清除，最后水洗并用热风吹干。

⑤ 测定晶粒度。晶粒度的测定可用标准晶粒图比较法和直接测定晶粒的平均面积，以及平均直径法，本试验采用测定晶粒平均直径法。

先在腐刻好的铝片上用铅笔画上 4 条平行线，如图 4-6 所示，每条线以能截取 10～20 个晶粒为限（细晶粒的铝片，线可画的短些，反之可长些）。大晶粒可目测，细晶粒需在低倍显微镜下测出。输出各直线所截完整晶粒数及不完整晶粒数的 1/2（两个不完整晶粒为一个完整晶粒），代入式（4-3）求出晶粒的平均直径 D_m，即

$$D_m = \frac{LP \times 10^3}{ZV} \tag{4-3}$$

式中

  L——直线长度；

  P——直线数目；

  Z——截取晶粒的总数；

  V——放大倍数（目测时 V=1）。

⑥ 将测定的晶粒平均直径填入表 4-6，根据表 4-6 中的数据，以变形量为横坐标，晶粒平均直径为纵坐标，绘出工业纯铝片晶粒大小与变形量的关系曲线。

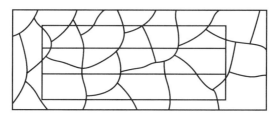

图 4-6　晶粒画线示意

五、注意事项

（1）对试样不要擅自弯曲、敲击。

（2）试样两端号码如在拉伸时损坏，应及时做记号。

（3）腐蚀时，特别要注意，不要将王水和碱液溅到衣服、皮肤上。

六、实验结果

根据表 4-5,绘出工业纯铁的硬度与变形量的关系曲线,并对曲线加以说明。

表 4-5 工业纯铁变形量与硬度关系

硬度/HRB \ 变形量/(%)	0	30	50	70
1				
2				
3				
平均值				

根据表 4-6,绘出工业纯铝晶粒大小(平均直径 D_m)与变形量间的关系曲线,并说明变形度对再结晶后金属的组织的影响。

表 4-6 工业纯铝变形量与晶粒大小关系

变形量/(%)	0	3	8	10	15
平均晶粒直径 $D_m/\mu m$					

4.3 铁碳合金试样制备及其平衡组织分析

一、实验目的

（1）掌握金相样品制备的基本方法。
（2）掌握金相显微镜的使用方法。
（3）结合铁碳合金相图，观察并分析铁碳合金在平衡状态下的显微组织。

二、实验仪器

（1）金相显微镜。
（2）金相砂纸。
（3）腐蚀液。

三、实验原理

铁碳合金的平衡组织是指铁碳合金在极其缓慢的冷却条件下所得到的组织，即 Fe-Fe$_3$C 相图所对应的组织。在实际生产中，要想得到一种完全的平衡组织是不可能的，退火条件下得到的组织比较接近于平衡组织。因此，我们可以借助退火组织来观察和分析铁碳合金的平衡组织。

碳钢和白口铸铁在室温时，其平衡状态下组织中的基本组成相均为铁素体与渗碳体。但是由于含碳量及处理方法不同，它们的数量、分布及形态有很大不同，因此，在金相显微镜下观察不同铁碳合金，其显微组织也就有很大差异，如表 4-7 所示。

表 4-7 各种铁碳合金在室温时的显微组织

合金分类		碳含量（%）	显微组织
	工业纯铁	<0.0218	铁素体（F）
碳钢	亚共析钢	0.0218～0.77	铁素体＋珠光体
	共析钢	0.77	珠光体（P）
	过共析钢	0.77～2.11	珠光体＋二次渗碳体（Fe$_3$C$_{II}$）
白口铸铁	亚共晶白口铸铁	2.11～4.3	珠光体＋二次渗碳体＋低温莱氏体 Le′
	共晶白口铸铁	4.3	低温莱氏体 Le′
	过共晶白口铸铁	4.3～6.69	一次渗碳体（Fe$_3$C$_I$）＋低温莱氏体 Le′

1. 渗碳体（Fe$_3$C）

渗碳体是铁与碳形成的化合物，它的碳含量为 6.69%，抗浸蚀能力较强。经 3%～5% 硝酸酒精溶液浸蚀后呈白亮色，如图 4-7 所示。

一次渗碳体是直接从液体中析出的，呈长白条状，分布在莱氏体之间；二次渗碳体是由奥氏体（A）中析出的，数量较少，都沿奥氏体晶界析出，在奥氏体转变成珠光体后，它呈网状分布在珠光体的边界上。另外，经不同的热处理后，渗碳体可以呈片状、粒状或断续网状；三次渗碳体是由铁素体中析出的。

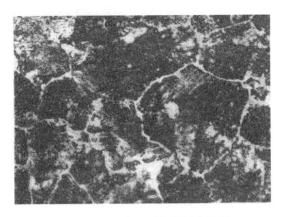

图 4-7 含 1.2%C 碳钢的显微组织

组织及说明：白色网状为二次渗碳体，黑色片状为珠光体

渗碳体的硬度很高，可达 HB800 以上，它是一种硬而脆的相，强度和塑性都很差。

2. 珠光体（P）

珠光体是铁素体与渗碳体的共析机械混合物，它是由铁素体片与渗碳体片相互交替排列形成的层片状组织。经 3%～5%硝酸酒精溶液或苦味酸溶液浸蚀后，试样磨面上的条状铁素体与渗碳体因边界被浸蚀呈黑色线条，在不同放大倍数的显微镜下观察时，具有不一样的特征。

在 600 倍以上的高倍下观察时，每个珠光体团中是平行相间的宽条铁素体和细条渗碳体，它们都呈白亮色，而其边界呈黑色，如图 4-8 所示。

在 400 倍以上的中倍下观察时，亮色的细条渗碳体被两边黑色的边界线所"吞食"，而变成黑色，这时所看到的珠光体是宽白条的铁素体和细黑条的渗碳体相间的混合物，如图 4-9 所示。

在 200 倍以上的低倍下观察时，由于显微镜的鉴别率较低，宽白条的铁素体和细黑条的渗碳体也很难分辨，这时的珠光体是一片暗黑，成为黑块的组织。图 4-10 中的黑块为珠光体组织。

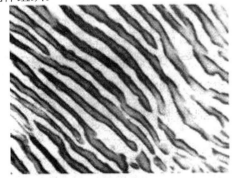   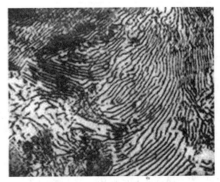

图 4-8 高倍下的珠光体   图 4-9 中倍下的珠光体

组织及说明：白亮色宽条铁素体，白亮色细条渗碳体   组织及说明：宽白条铁素体，细黑条渗碳体

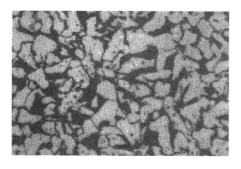

图 4-10　低倍下的珠光体

组织及说明：白色块状为铁素体，黑色部分为珠光体

四、实验步骤

1. 金相试样制备

在用金相显微镜来检验和分析材料的显微组织时，需将所分析的材料制备成一定尺寸的试样，并经磨制、抛光与腐蚀工序，才能进行材料的组织观察和研究工作。

金相样品制备的基本过程如图 4-11 和表 4-8 所示。

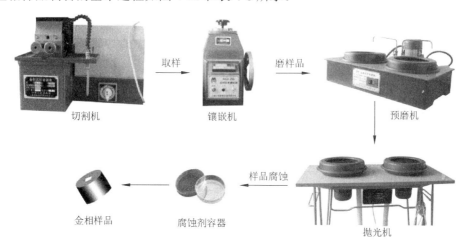

图 4-11　金相样品制备的基本过程

表 4-8　金相样品制备步骤、方法和注意事项

序号	步骤	方　法	注意事项
1	取样	在检测材料或零件上截取样品，取样部位和磨面根据分析要求而定，截取方法视材料硬度选择，有车、刨、砂轮切割机、线切割机和锤击法等，尺寸以适合手握为宜	无论用哪种方法取样，都要尽量避免或减少因塑性变形和受热所引起的组织变化现象，截取时可加水冷却
2	镶嵌	若由于零件尺寸及形状限制，取样后尺寸太小、不规则，或需要检验边缘的样品，应将分析面整平后进行镶嵌	热镶嵌要在专用设备上进行，只适应于加热对组织不影响的材料
3	粗磨	用砂轮机或挫刀等磨平检验面，若不需要观察边缘可将边缘倒角。粗磨的同时去掉了切割时产生的变形层	若有渗层等表面处理时，不要倒角，且要磨掉约 1.5mm 的表层，如渗碳

续表

序号	步骤	方法	注意事项
4	细磨	按金相砂纸号顺序：01、02、03、04、05，依次细磨。将砂纸平铺在玻璃板上，一手拿样品，一手按住砂纸磨制。更换砂纸时，磨痕方向应与上道磨痕方向垂直，磨到前道磨痕消失为止。磨制完毕，将手和样品冲洗干净	每道砂纸磨制时，用力要均匀，一定要磨平检验面。可以通过转动样品表面，观察表面的反光变化来确定。更换砂纸时，勿将砂粒带入下道工序
5	粗抛光	用绿粉（Cr_2O_3）水溶液作为抛光液在帆布上抛光，将抛光液少量多次加到抛光盘上抛光。注意安全，以免样品飞出伤人	初次制样时，适宜在抛光盘约半径一半处抛光，感到阻力大时，就该加抛光液
6	细抛光	用红粉（Fe_2O_3）水溶液作为抛光液在绒布上抛光，将抛光液少量多次地加入到抛光盘上进行抛光	同上
7	腐蚀	浸蚀时可将试样磨面浸入浸蚀剂中，也可用棉花蘸浸蚀剂擦拭表面。浸蚀的深浅根据组织的特点和观察时的放大倍数来确定。高倍观察时，浸蚀要浅一些，低倍略深一些；单相组织浸蚀重一些。双相组织浸蚀轻些，一般浸蚀到试样磨面稍发暗时即可	浸蚀后用水冲洗。必要时再用酒精清洗，最后用吸水纸（或毛巾）吸干，或用吹风机吹干

金属材料常用腐蚀剂如表 4-9 所示。

表 4-9　金属材料常用腐蚀剂

序号	腐蚀剂名称	成分/mL（g）	腐蚀条件	适应范围
1	硝酸酒精溶液	硝酸　1~5 酒精　100	室温腐蚀数秒	碳钢及低合金钢，能清晰地显示铁素体晶界
2	苦味酸酒精溶液	苦味酸　4 酒精　100	室温腐蚀数秒	碳钢及低合金钢，能清晰地显示珠光体和碳化物
3	苦味酸钠溶液	苦味酸 2~5 苛性钠 20~25 蒸馏水 100	加热到60℃，腐蚀5~30min	渗碳体呈暗黑色，铁素体不着色
4	混合酸酒精溶液	盐酸 10 硝酸 3 酒精 100	腐蚀 2~10min	高速钢淬火及淬火回火后晶粒大小
5	王水溶液	盐酸 3 硝酸 1	腐蚀数秒	各类高合金钢及不锈钢组织
6	氯化铁、盐酸水溶液	三氯化铁 5 盐酸 10 水 100	腐蚀 1~2min	黄铜及青铜的组织显示
7	氢氟酸水溶液	氢氟酸 0.5 水 100	腐蚀数秒	铝及铝合金的组织显示

2. 金相试样金相组织观察

（1）根据观察试样所需的放大倍数，选择物镜和目镜。

（2）将试样放在载物台中心，使载物台中心与物镜中心对正，试样被观察面向下。

（3）先转动粗调焦距手轮升高物镜，使物镜无限接近试样观测面。

（4）再慢慢反向转动粗调焦距手轮至目镜中出现模糊的影像。

（5）最后轻轻转动微调焦距手轮，直至看到清晰的组织。

(6)使载物台前后左右移动,观察试样的不同部位,找出具有代表性的显微组织,并画出试样的显微组织示意图。

五、注意事项

1. 金相试样制备

(1)细磨金相试样时,用力要均匀。

(2)为防止出现很深划痕,使用力时一定要坚持"慢工出细活"的原则。

(3)试样磨制表面只看到本步划痕,看不到其他划痕,并且表面光亮度大致一样时,才能更换金相砂纸。

(4)砂纸分别是从粗到细,所使用的力也一定要从大到小,以免最后一张砂纸造成很深划痕,影响观察效果。

2. 金相显微镜的操作规程

(1)选择合适的目镜和物镜,以免观察不到金相组织。

(2)把样品放在载物台上,使观察面向下。转动粗调手轮,使物镜上升,避免物镜与实验表面撞击。

(3)在用显微镜进行观察前必须将手洗净擦干,并保持室内环境的清洁,操作时必须特别仔细,严禁任何剧烈的动作。

(4)在移动金相试样时,不得用手指触碰试样表面或试样重叠起来,以免引起显微组织模糊不清,影响观察效果。

(5)画组织图时,应抓住组织形态的特点,画出典型区域的组织,注意不要将磨痕或杂质画在图上。

4.4 常用铸铁的显微分析实验

一、实验目的

（1）观察常用铸铁的显微组织。
（2）分析常用铸铁的组织和性能之间的关系。

二、实验设备及材料

（1）金相显微镜。
（2）常用铸铁的金相试样若干：实验用各种材料的显微样品如表4-10所示。

表4-10 实验用各种材料的显微样品

序号	材料名称	处理方法	显微组织	浸蚀剂
1	铁素体灰铸铁	铸态	F+G（片状）	4%硝酸酒精溶液
2	铁素体—珠光体灰铸铁	铸态	F+P+G（片状）	4%硝酸酒精溶液
3	珠光体灰铸铁	铸态	P+G（片状）	4%硝酸酒精溶液
4	铁素体球墨铸铁	铸态	F+G（球状）	4%硝酸酒精溶液
5	铁素体—珠光体球墨铸铁	铸态	F+P+G（球状）	4%硝酸酒精溶液
6	珠光体球墨铸铁	铸态	P+G（球状）	4%硝酸酒精溶液
7	铁素体（黑心）可锻铸铁	退火	F+G（团絮状）	4%硝酸酒精溶液
8	珠光体可锻铸铁	退火	P+G（团絮状）	4%硝酸酒精溶液
9	铁素体蠕墨铸铁	铸态	F+G（蠕虫状）	4%硝酸酒精溶液

（3）常用铸铁的金相照片：表4-10中所列各种材料样品的显微组织放大照片一套。

三、实验原理

铸铁的组织由钢的基体组织和石墨两部分组成，根据石墨的形态不同，可将铸铁分为灰铸铁、球墨铸铁、可锻铸铁和蠕墨铸铁四类。

1. 灰铸铁

灰铸铁中石墨呈片状分布，对基体的割裂作用较大。如在铸铁浇注前往铁水中加入少量的孕育剂，可增加石墨的结晶核心，细化石墨片，获得珠光体加细小石墨片的孕育铸铁。常用的灰铸铁由于化学成分和冷却速度的不同，有铁素体灰铸铁、铁素体-珠光体灰铸铁和珠光体灰铸铁三种，其显微组织如图4-12所示。

2. 球墨铸铁

球墨铸铁是将普通灰铸铁原料配料熔化成铁水后，经过球化处理和孕育处理而得到的灰口铸铁。在铁水中加入球化剂和孕育剂，浇注后石墨呈球状析出，因而大大削弱了石墨对基体的割裂作用，使铸铁的性能显著提高。球墨铸铁根据基体组织不同有铁素体球墨铸铁、铁素体-珠光体球墨铸铁和珠光体球墨铸铁三种，其显微组织如图4-13所示。

(a)铁素体灰铸铁

(b)铁素体-珠光体灰铸铁

(c)珠光体灰铸铁

图 4-12　灰铸铁的显微组织

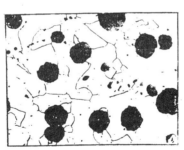

(a)铁素体球墨铸铁

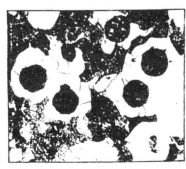

(b)铁素体-珠光体球墨铸铁

(c)珠光体球墨铸铁

图 4-13　球墨铸铁的显微组织

3. 可锻铸铁

可锻铸铁又称为展性铸铁，是由白口铸铁在固态下经长时间石墨化退火而得到的灰口铸铁，由于石墨呈团絮状，显著削弱了对基体的割裂作用，因而使可锻铸铁的力学性能比灰铸铁有明显提高。根据基体组织不同，常用的可锻铸铁有黑心（铁素体）可锻铸铁和珠光体可锻铸铁两种，其显微组织如图 4-14 所示。

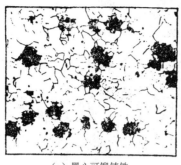

（a）黑心可锻铸铁　　　　　　（b）珠光体可锻铸铁

图 4-14　可锻铸铁的显微组织

4. 蠕墨铸铁

具有蠕虫状石墨的灰口铸铁，石墨形状短而厚，头部较圆，形如蠕虫状，其显微组织如图 4-15 所示。

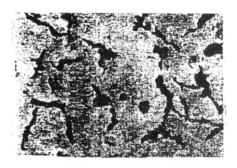

图 4-15　蠕墨铸铁的显微组织

四、实验步骤

（1）观察各样品的显微组织，区别其组织特征，并分析其组织与力学性能之间的关系。

（2）在金相显微镜下选择各试样显微组织中的典型区域，并根据其组织特征描绘出其显微组织示意图，记录所观察的各试样名称、显微组织、浸蚀剂、放大倍数及组织特征，并用引线标出各显微组织示意图中组织组成物的名称，具体格式如图 4-16 所示。

五、实验结果

材料名称＿＿＿＿＿＿＿＿

金相组织＿＿＿＿＿＿＿＿

处理方法＿＿＿＿＿＿＿＿

放大倍数＿＿＿＿＿＿＿＿

浸　蚀　剂＿＿＿＿＿＿＿＿

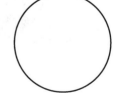

图 4-16　显微组织记录格式

4.5 钢的普通热处理实验

一、实验目的

（1）了解钢的热处理（退火、正火、淬火及回火）工艺方法。
（2）研究冷却条件与钢性能的关系。
（3）分析淬火及回火温度对钢性能的影响。

二、实验设备及材料

（1）箱式电炉及控温仪表。
（2）洛氏硬度机。
（3）冷却剂：水、油（使用温度约 20℃）。
（4）试样：20 钢、45 钢、T12 钢。

三、实验原理

1. 钢的淬火

淬火就是将钢加热到 A_{c3}（亚共析钢）或 A_{c1}（过共析钢）以上 30~50℃，保温后放入各种不同的冷却介质中（$V_冷$应大于$V_临$），以获得具有高硬度、高耐磨性的马氏体组织。碳钢经淬火后的组织由马氏体及一定数量的残余奥氏体所组成。为了正确地进行钢的淬火，必须考虑下列三个重要因素，即淬火加热的温度、保温时间和冷却速度。

（1）淬火温度的选择。

选定正确的加热温度是保证淬火质量的重要环节。淬火时的具体加热温度主要取决于钢的含碳量，可根据 Fe-Fe₃C 相图确定，如图 4-17 所示。对亚共析钢，其加热温度为 A_{c3}＋30~50℃。若加热温度不足（低于 A_{c3}），则淬火组织中将出现铁素体而造成强度及硬度的降低。对过共析钢，加热温度为 A_{c3}＋30~50℃，淬火后可得到细小的马氏体与粒状渗碳体，后者的存在可提高钢的硬度和耐磨性。

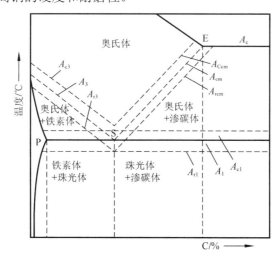

图 4-17 淬火的加热温度范围

(2) 保温时间的确定。

淬火加热时间是将试样加热到淬火温度所需的时间及在淬火温度停留保温所需时间的总和。加热时间与钢的成分、工件的形状尺寸、所需的加热介质及加热方法等因素有关，一般可按照经验公式来估算，例如，加热温度为 800℃的圆柱形工件，保温时间为 1.0min/mm。

(3) 冷却速度的影响。

冷却是淬火的关键工序，它直接影响到钢淬火后的组织和性能。冷却时应使冷却速度大于临界冷却速度，以保证获得马氏体组织；在这个前提下又应尽量缓慢冷却，以减少钢中的内应力，防止变形和开裂。为保证淬火效果，应选用适当的冷却介质，如水、油等。

2．钢的回火

钢经淬火后得到的马氏体组织硬而脆，并且工件内部存在很大的内应力，如果直接进行磨削加工往往会出现龟裂；一些精密的零件在使用过程中将会由于变形引起尺寸变化而失去精度，甚至开裂，因而钢淬火后必须进行回火处理。不同的回火工艺可以使钢获得所需的性能，表 4-11 所示为 45 钢淬火后经不同温度回火后的组织及性能。

表 4-11　45 钢经淬火及不同温度回火后的组织和性能

类　　型	回火温度/℃	回火后的组织	回火后的硬度/HRC	性能特点
低温回火	150～250	回火马氏体＋残余奥氏体＋碳化物	60～57	硬度高，内应力减小
中温回火	350～500	回火屈氏体	35～45	硬度适中，又较高的弹性
高温回火	500～650	回火索氏体	20～33	具有良好塑性、韧性和一定强度相配合的综合性能

对碳钢来说，回火工艺的选择主要是考虑回火温度和保温时间这两个因素。

(1) 回火温度。

在实际生产中通常以图纸上所要求的硬度要求作为选择回火温度的依据。各种钢材的回火温度与硬度之间的关系曲线可从有关手册中查阅。

(2) 保温时间。

回火保温时间与工件材料、尺寸及工艺条件等因素有关，通常采用 1～3h。由于实验所用试样较小，故回火保温时间可为 30min，回火后在空气中冷却。

四、实验步骤

1．淬火、正火部分

(1) 根据淬火条件不同进行实验，如表 4-12 所示。

(2) 加热前先对所有试样进行硬度测定。为便于比较，一律用洛氏硬度测定。

(3) 根据试样钢号，按照相图确定淬火加热温度及保温时间（可按 1min/mm 直径计算）。

(4) 淬火及正火后的试样表面用砂纸（或砂轮）磨平，并测出硬度值（HRC）填入表 4-12 中。

2. 回火

(1) 根据回火温度不同进行实验,如表 4-13 所示。

(2) 将已经正常淬火并测定过硬度的 45 钢试样分别放入指定温度的炉内加热,保温 30min,然后取出空冷。

(3) 用砂纸磨光表面,分别在洛氏硬度机上测定硬度值。

(4) 将测定的硬度值分别填入表 4-13 中。

五、注意事项

(1) 本实验加热都为电炉,由于炉内电阻丝距离炉膛较近,容易漏电,所以电炉一定要接地,在放、取试样时必须先切断电源。

(2) 往炉中放、取试样必须使用夹钳,夹钳必须擦干,不能沾有油和水。开关炉门要迅速,炉门打开时间不宜过长。

(3) 试样由炉中取出淬火时,动作要迅速,以免温度下降,影响淬火质量。

(4) 试样在淬火液中应不断搅动,否则试样表面会由于冷却不均而出现软点。

(5) 淬火时水温应保持 20~30℃,水温过高要及时换水。

(6) 退火、正火、淬火或回火后的试样均要用砂纸打磨,去掉氧化皮后再测定硬度值。

六、实验结果

不同钢淬火及正火前后的硬度值和钢不同温度回火后的硬度分别如表 4-12 和表 4-13 所示。

表 4-12 不同钢淬火及正火前后的硬度值

组别	淬火加热温度/℃	冷却方式	20 钢		45 钢		T12 钢	
			处理前硬度	处理后的硬度	处理前硬度	处理后硬度	处理前硬度	处理后硬度
1	1000	水冷						
2	750	水冷						
3	860	空冷						
4	860	油冷						
5	860	水冷						

表 4-13 钢不同温度回火后的硬度

组别	1	2	3	4	5
回火温度/℃	200	300	400	500	600
回火前/HRC					
回火后/HRC					

4.6 钢的淬透性测定实验

一、实验目的

（1）了解测定淬透性的一般方法。
（2）熟悉并利用端淬试验法测定钢的淬透性。
（3）绘制淬透性曲线，掌握它的应用。

二、实验设备及材料

（1）箱式电阻炉。
（2）洛氏硬度计。
（3）端淬试验机。
（4）40Gr 钢试样。

三、实验原理

在实际生产中，零件一般通过淬火得到马氏体，以提高力学性能。钢的淬透性是指钢经奥氏体化后在一定冷却条件下淬火时获得马氏体组织的能力，它的大小可用规定条件下淬透层的深度表示。通常，将淬火件的表面至半马氏体区（50%马氏体+其余的 50%为珠光体类型组织）间的距离称为淬透层深度。淬透层的深度大小受到钢的淬透性、淬火介质的冷却能力、工件的体积、工件的表面状态等影响，所以测定钢的淬透性时，要将淬火介质、工件的尺寸等都规定下来，才能通过淬透层深度以确定钢的淬透性。

目前测定钢的淬透性最常用的方法是末端淬火。GB/T 225—2006《钢淬透性的末端淬火试验方法（Jominy 试验）》规定的试样形状尺寸及实验原理如图 4-18 所示。

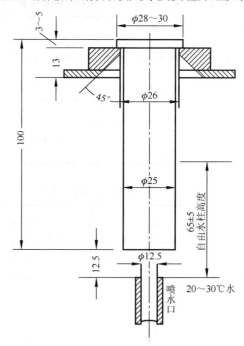

图 4-18　末端淬透性实验的试样形状尺寸及原理

试验时将试样按规定的奥氏体条件加热后迅速取出放入试验装置。因试样的末端被喷水冷却,故水冷端冷的最快,越向上冷的越慢,头部冷却相当于空冷,因此,沿试样长度方向将获得各种冷却条件下的组织和性能。冷却完毕后沿试样纵向两侧各磨去 0.4mm,并自水冷端 1.5mm 处开始测定硬度,绘出硬度与至水冷端距离的关系曲线,端淬曲线如图 4-19 所示。

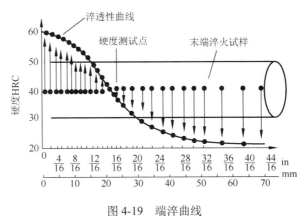

图 4-19 端淬曲线

钢的淬透性用 J(HRC/d)表示,其中 J 表示端淬试验,d 为据水冷端距离,HRC 为在该处测得的硬度值。

四、实验步骤

(1)将待测的 40Gr 钢试样,加热到奥氏体化温度,保温 30min 后由炉中取出,在 5s 内迅速放入淬火的试验装置。

(2)试样的淬火端被喷水冷却 15min,冷却速度约为 100℃/s,而离开淬火端冷却速度逐渐降低,到另一端时为 3~4℃/s。

(3)试样冷却后,取出,在试样两侧各磨去 0.4mm,得到互相平行的沿纵向的两个狭长的平行平面。在其中的一个平面上,从淬火端开始,每隔 1.5mm 测一次硬度(HRC),填写在图 4-20 中,做出淬透性曲线。

(4)由半马氏体硬度曲线,根据钢的含碳量确定半马氏体硬度,并据此在淬透性曲线上找出半马氏体区至水冷却端的距离 d,即用末端淬火法确定该钢的淬透性。

五、注意事项

(1)按要求对淬火试验装置进行调整,必须严格、认真。

(2)要检查试样的表面质量,必须时,应进行处理。

(3)试样两侧磨出的平面应平行,并在测硬度前,应画线定好测硬度的位置,力求准确。

(4)取试样放入淬火装置时,动作要迅速,但要注意安全。

六、实验结果

淬透性记录图表,如图 4-20 所示。

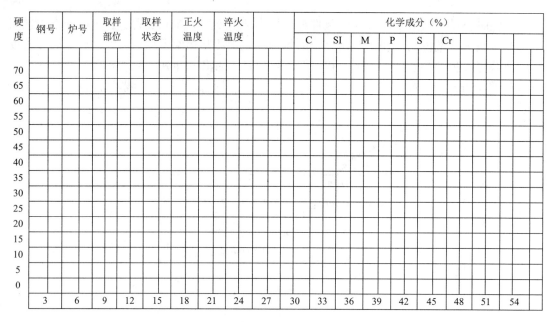

图 4-20　淬透性记录图表

4.7 金属材料的拉伸、压缩实验

一、实验目的

（1）了解电子万能试验机的工作原理，熟悉其操作规程和正确的使用方法。
（2）测定低碳钢的屈服点、抗拉强度、伸长率和断面收缩率。
（3）测定低碳钢的屈服极限 σ_s、强度极限 σ_b、延伸率 δ、截面收缩率 ψ 和铸铁的强度极限 σ_b。
（4）比较低碳钢和铸铁两种材料的拉伸性能和断口情况。
（5）测定压缩时低碳钢的屈服极限 σ_s 和铸铁的强度极限 σ_b。
（6）观察两种材料压缩时的变形和破坏现象，比较和分析原因。

二、实验设备及材料

（1）万能试验机。
（2）刻线机。
（3）游标卡尺。
（4）拉伸试样、压缩试样、剪切试样。

三、实验原理

1. 电子万能试验机

电子万能试验机由主机、交流伺服驱动器、全数字 EDC 测量控制系统、计算机系统及试验控制软件包、功能附件等组成，如图 4-21 所示。用于各种金属及非金属材料的拉伸、压缩、弯曲、剪切等力学性能试验，配备相应的附件后，在高、低温或常温下还可进行松弛、蠕变、持久应力等材料性能试验。

主机主要由上横梁、移动横梁、下横梁及立柱组成，形成框架式结构。可选用双空间工作方式，如上空间做拉伸，下空间做压缩、弯曲试验，上、下空间试验无须装卸夹具。丝杠下端上装有圆弧同步带轮，经减速器、电动机转动而带动横梁移动。主机左侧设有移动横梁保护机构，可防止移动横梁超过上下极限位置造成机械事故，也可以使移动横梁停止在预定位置。

2. 拉伸试样

试件采用两种材料：低碳钢和铸铁。低碳钢属于塑性材料；铸铁属于脆性材料。拉伸试样依据 GB/T 2975—1998《力学性能试验取样位置和试样制备》制备，如图 4-22 所示。试件的标距等截面测试部分长度 $l_0 = 100\text{mm}$，直径 $d_0 = 10\text{mm}$。

3. 压缩试样介绍

金属材料的压缩试件一般制成短圆柱形，如图 4-23 所示。试件受压时，两端面与试验机垫板间的摩擦力约束试件的横向变形，影响试件的强度。随着比值 h_0/d_0 的增加，上述摩擦力对试件中部的影响减弱。但比值 h_0/d_0 也不能过大，否则将引起失稳。GB/T 7314—2005 推荐无约束压缩试样尺寸为一般要求 $1 \leqslant h_0/d_0 \leqslant 2$。

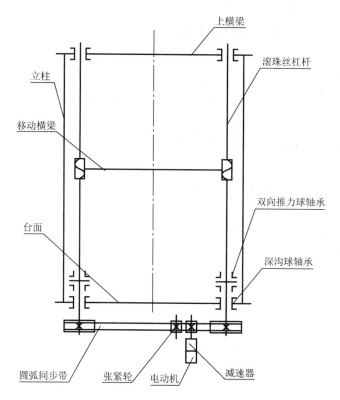

图 4-21　电子万能试验机基本结构

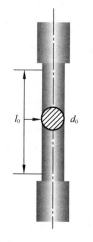

图 4-22　拉伸试样

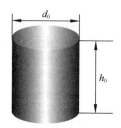

图 4-23　压缩试样

4. 拉伸实验原理

材料力学性能 σ_s、σ_b 和 δ、ψ 可由拉伸破坏实验来测定。用电子万能试验机拉伸试样时，计算机可以自动绘出拉伸试样的拉伸曲线。如图 4-24 所示。

对于低碳钢试件来说，由图 4-24（a）中可以看出，当载荷增加到 A 点时，拉伸图 4-24 中 OA 段是直线，表明此阶段内载荷与试件的变形成比例关系，即符合胡克定律的弹性变形范围。当载荷增加到 B' 点时，实验力值不变或突然下降到 B 点，然后在小的范围内摆动，这时变形增加很快,载荷增加很慢,说明材料产生了屈服(或称为流动)。与点相应的应力称为上屈服极限,与 B 相应的应力称为下屈服极限,因下屈服极限比较稳定,所以材料的屈服极限一般规定按下屈服极限取值。以 B 点相对应的载荷值 F_S 除以试件的原始截面积 A,即得到低碳钢的屈服极限 σ_S,$\sigma_S = F_S / A$。屈服阶段后,试件要承受更大的外力才能继续发生变形,若要使塑性变形加大,必须增加载荷,如图形中 CD 段,这一段称为强化阶段。当载荷达到最大值 F_b(D 点)时,试件的塑性变形集中在某一截面处的小段内,此段发生截面收缩,即出现"颈缩"现象。此时记下最大载荷值 F_b,用 F_b 除以试件的原始截面积 A,就得到低碳钢的强度极限 σ_b,$\sigma_b = F_b / A$。在试件发生颈缩后,由于截面积的减小,载荷迅速下降,到 E 点试件断裂。

对于铸铁试件,如图 4-24(b)所示,在变形极小时,就达到最大载荷而突然发生断裂,这时没有直线部分,也没有屈服和颈缩现象,只有强化阶段。因此,只要测出最大载荷 F_b 即可,可用公式 $\sigma_b = F_b / A$ 计算铸铁的强度极限 σ_b。

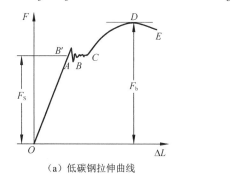
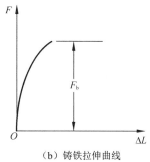

(a)低碳钢拉伸曲线　　　　　　　　　(b)铸铁拉伸曲线

图 4-24　圆形截面拉伸试样

5. 压缩实验原理

实验时计算机自动绘出低碳钢的压缩曲线和铸铁的压缩曲线,如图 4-25(a)和图 4-25(b)所示。对于低碳钢试件,从图 4-25(a)可以看出,压缩过程中产生屈服以前的基本情况与拉伸时相同,载荷到达 B 时,实验力值不变或下降,说明材料产生了屈服,当载荷超过 B 点后,塑性变形逐渐增加,试件横截面积逐渐明显地增大,试件最后被压成鼓形而不断裂,故只能测出产生屈服时的载荷 F_S,由 $\sigma_S = F_S / A_0$ 得出材料受压时的屈服极限而得不出受压时的强度极限。

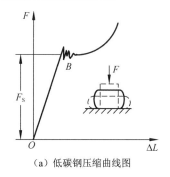
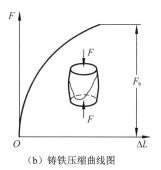

(a)低碳钢压缩曲线图　　　　　　　　(b)铸铁压缩曲线图

图 4-25　低碳钢和铸铁压缩曲线图

对于铸铁试件，从图 4-25（b）可以看出，受压时在很小的变形下即发生破坏，只能测出 F_b，由 $\sigma_b = F_b / A_0$ 得出材料的强度极限。铸铁破坏时的裂缝约与轴线呈 45°角。

四、实验步骤

1. 拉伸试验

（1）试件的准备。

在试件中段取标距 $l_0 = 10d_0$ 或 $l_0 = 5d_0$（一般 d_0 取 10mm），在标距两端做好标记。对低碳钢试件，用刻线机在标距长度内每隔 10mm 画一圆周线，将标距 10 等分或 5 等分，为断口位置的补偿做准备。用游标卡尺在标距线附近及中间各取一截面，每个截面沿互相垂直的两个方向各测一次直径取平均值，取这三处截面直径的最小值 d_0 作为计算试件横截面面积 A_0 的依据。

（2）试验机的准备。

① 连接好试验机电源线及各通信线缆，打开空气开关，打开钥匙开关，启动试验机。

② 打开计算机显示器与主机，运行实验程序，进入实验主界面，单击主菜单上的"联机"，连接试验机与计算机。

（3）根据试件形状和尺寸选择合适的夹头，先将试件安装在下夹头上，移动横梁调整夹头间距，将试件另一端装入上夹头夹紧。

（4）清零及实验条件设定。

① 录入试样。单击主菜单上的"试样"，选择试验材料、试验方法、试样形状，输入试验编号、试件原始尺寸。

② 实验参数设定。单击主菜单上的"参数设置"，设定初始试验力值、横梁移动速度（1~3mm/min）与移动方向（向下）、试验结束条件等参数。

③ 清零。单击主菜单上的"位移清零"、"变形清零"、"试验力清零"，进行清零。

（5）选定曲线显示类型为"负荷-位移曲线"（不接引伸计）或"负荷-变形曲线"（接引伸计），单击主菜单上的"试验开始"，进行实验，实验过程中注意观察曲线的变化情况与试件的各种物理现象。

（6）当试件被拉断或达到设定结束条件时，单击主菜单上的"试验结束"，结束实验。

（7）根据屏幕提示，用游标卡尺进行必要的数据测量，填入相应框格。

（8）单击主菜单上的"数据管理"，进入下一级界面，单击"输出"，得到 Excel 形式的数据文件，输入文件名，以"另存"方式建立拉伸曲线数据文件。

（9）实验完毕，取下试件，退出实验程序，仪器设备恢复原状，关闭电源，清理现场。

2. 压缩试验

（1）试件的准备。

用游标卡尺在试件中点处两个相互垂直的方向测量直径 d_0，取其平均值。

（2）试验机的启动与计算机的联机与拉伸实验相同。

（3）将试件尽量准确地放在机器活动承垫中心上，使试件承受轴向压力。然后移动横梁向下运动，在试件与上压头将要接触时要特别注意减慢横梁移动速度，使之慢慢接触，以免发生撞击，损坏机器。

（4）清零及实验条件设定。

① 录入试样。

单击主菜单上的"试样"，选择试验材料、试验方法、试样形状，输入试验编号、试件原始尺寸。

② 实验参数设定。

单击主菜单上的"参数设置"，设定初始试验力值、横梁移动速度（1～3mm/min）与移动方向（向下）、试验结束条件等参数。

③ 清零。

单击主菜单上的"位移清零"、"变形清零"、"试验力清零"，进行清零。

（5）选定曲线显示类型为"负荷-位移曲线"（不接引伸计）或"负荷-变形曲线"（接引伸计），单击主菜单上的"试验开始"，进行实验，实验过程中注意观察曲线的变化情况与试件的物理现象。

（6）当试件被压裂或达到设定结束条件时，单击主菜单上的"试验结束"，结束实验。

（7）根据屏幕提示，用游标卡尺进行必要的数据测量，填入相应框格。

（8）单击主菜单上的"数据管理"，进入下一级界面，单击"输出"，得到 Excel 形式的数据文件，输入文件名，以"另存"方式建立压缩曲线数据文件。

（9）实验完毕，取出试件，退出实验程序，仪器设备恢复原状，关闭电源，清理现场。

五、注意事项

（1）测量试样时，测定多点直径后，应取多点中的最小值，而不是求平均值。

（2）操作电子万能试验机上下移动时，要注意移动横梁速度不要太快，以免发生危险。

（3）实验开始前，一定要进行必要的设置和必要的操作，如设置衡量速度、进行各项清零，以免数据结果不准确。

六、实验结果处理

1. 拉伸试验

试件形状和尺寸如表 4-14 所示，实验数据及计算结果如表 4-15 所示。

表 4-14 试件形状和尺寸

实验前			实验后		
试件原始形状图			试件断后形状图		
尺 寸	低碳钢	铸 铁	尺 寸	低碳钢	铸 铁
平均直径 d_0 /mm			最小直径 d_1 /mm		—
横截面积 A_0 /mm²			最小截面积 A_1 /mm²		—
标距长度 L_0 /mm			断后长度 L_1 /mm		

表 4-15　实验数据及计算结果

试 件	实验数据		计算结果			
	屈服载荷 F_s/kN	最大载荷 F_b/kN	屈服极限 σ_s/MPa	强度极限 σ_b/MPa	延伸率 δ/（%）	截面收缩率 ψ/（%）
低碳钢						
铸铁	—				—	—

2. 压缩试验

试件形状和尺寸如表 4-16 所示，实验数据及计算结果如表 4-17 所示。

表 4-16　试件形状和尺寸

实验前			实验后		
试件原始形状图			试件断后形状图		
尺 寸	低碳钢	铸 铁	尺 寸	低碳钢	铸 铁
平均直径 d_0/mm			最小直径 d_1/mm		—
横截面积 A_0/mm²			最小截面积 A_1/mm²		—
标距长度 L_0/mm			断后长度 L_1/mm		

表 4-17　实验数据及计算结果

试 件	实验数据		计算结果			
	屈服载荷 F_s/kN	最大载荷 F_b/kN	屈服极限 σ_s/MPa	强度极限 σ_b/MPa	延伸率 δ/（%）	截面收缩率 ψ/（%）
低碳钢						
铸铁	—				—	—

4.8 金属材料扭转实验

一、实验目的

(1) 测定低碳钢的扭转屈服极限和强度极限。
(2) 测定铸铁的扭转强度极限。
(3) 观察低碳钢和铸铁的断口情况,并分析其原因。

二、实验仪器和材料

(1) 微机控制扭转试验机。
(2) 数显游标卡尺。
(3) 低碳钢和铸铁扭转标准试样,如图 4-26 所示。

其中:L_0 为试件平行长度部分两条刻线间的距离,称为原始标距;d_0 为平行长度部分的原始直径。

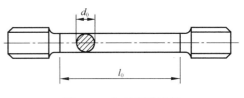

图 4-26 扭转标准试样

三、实验原理

圆轴承受扭转时,材料处于纯剪切应力状态,因此,常用扭转试验来研究不同材料在纯剪切作用下的扭转机械性能。

1. 低碳钢

低碳钢圆截面试件扭转时,扭矩 T 与扭转角 φ 曲线如图 4-27 所示。图中 OA 段为一倾斜直线,表示扭矩 T 与扭转角 φ 成正比,试件横截面上的应力也按线性分布,如图 4-28(a)所示。当扭矩超过 T_p 后,试件外缘材料逐渐进入屈服阶段,而形成一环形塑性区,如图 4-28(b)所示。在屈服阶段时,扭角增加而扭矩不增加,此时的扭矩即为屈服扭矩 T_s。由此,可以求得材料的剪切屈服极限,按式(4-4)计算,即

$$\tau_s = \frac{3T_s}{4W_p} \tag{4-4}$$

其中

$$W_p = \frac{\pi d^3}{16}$$

此后,扭转变形继续增加,试件扭矩又继续上升至 D 点,试件被剪断,载荷下降。此时试件横截面上的剪应力大致如图 4-28(c)所示,此时可近似地认为整个横截面上的剪应力都达到剪切强度极限 τ_b,按式(4-5)计算,即

$$\tau_b = \frac{3T_b}{4W_p} \tag{4-5}$$

2. 铸铁

铸铁扭转时,其 $T\text{-}\varphi$ 曲线近似一直线如图 4-29(a)所示,这时横截面上的剪应力也近似按线性分布,如图 4-29(b)所示。

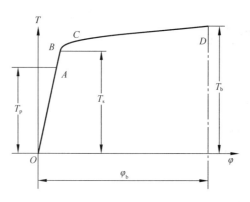

图 4-27 低碳钢扭矩与扭转角曲线

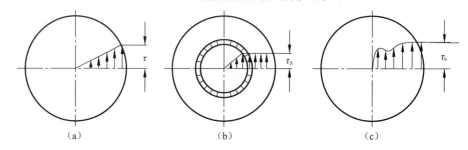

图 4-28 横截面上的应力分布

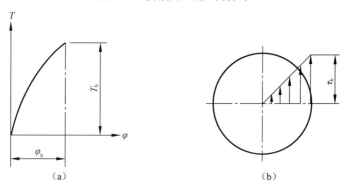

图 4-29 铸铁扭矩与扭转角曲线

因此，其剪切强度极限 τ_b 按式（4-6）计算，即

$$\tau_b = \frac{T_b}{W_p} \tag{4-6}$$

材料在纯剪切时，横截面上受到切应力作用，而与杆轴成 45°螺旋面上，分别受到拉应力 $\sigma_1 = \tau$ 和压应力 $\sigma_3 = -\tau$ 的作用，如图 4-29 所示。

低碳钢的抗拉能力大于抗剪能力，故试件沿横面剪断，如图 4-30 所示。而铸铁抗拉能力小于抗剪能力，故沿 45°方向拉断，如图 4-31 所示。

图 4-30 低碳钢扭转破坏

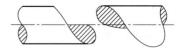

图 4-31 铸铁扭转破坏

四、实验步骤

（1）测量原始直径 d_0：在试样的标距部分测量 3 个截面，在每个截面互相垂直方向测量两次，用其中最小截面的平均直径计算 W_p，结果填入表 4-18 中。

（2）打开试验机电源预热仪器。

（3）启动计算机控制程序，单击"试样录入"按钮输入试验材料、试验方法、试验编号、试样参数等。单击"参数设置"按钮，输入试验速度和转动夹头的转动方向、选择是否计算、试验结束条件等。

（4）试样对中、夹紧，力矩及转角计数器调零。

（5）开始实验。试样整体屈服前用慢速，速度应在 6°～30°/min，强化后可提高加载速度。

（6）观察 T-ϕ 曲线的生成过程。及时记录屈服扭矩 T_s 和断裂时的最大扭矩 T_b 及断裂时的相对扭转角 ϕ，结果填入表 4-18 中。

（7）在表 4-18 中绘制扭转图。

五、注意事项

（1）加扭矩要均匀缓慢。

（2）变换扭矩测量范围，要在加载前停机进行。若要调整机器转速，也要停机进行，以免损坏传动齿轮。

六、实验结果

表 4-18　金属材料扭转实验结果

材料	低 碳 钢	灰 铸 铁
试样尺寸	$d=$ ＿＿＿ mm，$W_p=\dfrac{\pi d^3}{16}=$ ＿＿＿ mm³	$d=$ ＿＿＿ mm，$W_p=\dfrac{\pi d^3}{16}=$ ＿＿＿ mm³
试样草图	实验前： 实验后：	实验前： 实验后：
实验数据	屈服扭矩 $T_s=$ ＿＿＿ N·m 最大扭矩 $T_b=$ ＿＿＿ N·m 屈服切应力 $\tau_s=\dfrac{T_s}{W_p}=$ ＿＿＿ MPa 抗切强度 $\tau_b=\dfrac{T_b}{W_p}=$ ＿＿＿ MPa	最大扭矩 $T_b=$ ＿＿＿ N·m 抗切强度 $\tau_b=\dfrac{T_b}{W_p}=$ ＿＿＿ MPa
扭转图		

4.9 材料的冲击实验

一、实验目的

（1）观察分析低碳钢和铸铁两种材料在常温冲击下的破坏情况和断口形貌，并进行比较。

（2）测定低碳钢和铸铁两种材料的冲击韧度 a_{Ku}。

二、实验设备及材料

（1）摆锤式冲击试验机。

（2）试样：低碳钢和铸铁标准冲击试样。

三、实验原理

金属构件在实际工程应用中，不仅承受静载荷作用，有时还要在短时间内承受突然施加的载荷的作用，即受到冲击载荷的作用。材料受冲击载荷时的力学性能与静载荷时显著不同。为了评定材料承受冲击载荷的能力，揭示材料在冲击载荷下的力学行为，需要进行冲击实验。

依据 GB/T 229—1994《金属夏比冲击试验方法》，在室温条件下，利用能量守恒原理，用规定高度的摆锤对处在简支梁状态的金属试样进行一次冲击，如图4-32所示，测得试样冲断时吸收的冲击功 A_{Ku}，依据式（4-7）计算试样的冲击韧度 a_{Ku}。

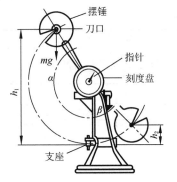
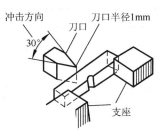
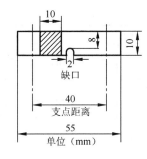

图 4-32 冲击试验结构

$$a_{Ku} = \frac{A_{Ku}}{S_0} \tag{4-7}$$

式中

a_{Ku}——冲击韧度，J/cm^2；

A_{Ku}——U形缺口试样的冲击吸收功，J；

S_0——试样缺口处断面面积，cm^2。

四、实验步骤

（1）测量试样的几何尺寸及缺口处的横截面尺寸。

(2)根据估计材料冲击韧性来选择试验机的摆锤和表盘。
(3)试验前必须检查试验机是否处于正常状态,各运转部件及其紧固件必须安全可靠。
(4)如图 4-33 所示安装试样。使试样缺口背对刀刃,平放并紧挨在两个钳口支座上,用找正板找正,使试样缺口正好位于钳口跨距中间对正冲击刀刃。

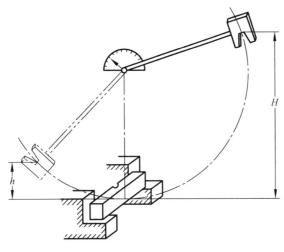

图 4-33　冲击试验示意

(5)将摆锤举起到高度为 H 处并锁住,然后释放摆锤,冲断试样后,待摆锤扬起到最大高度,再回落时,立即制动,使摆锤停住。
(6)摆锤停摆后从刻度盘上读出冲断试样所消耗的能量 A_{Ku}(需减去因阻力消耗的能量)。每种材料需做三次以上,取其算术平均值,分别填入表 4-19 中,作为计算冲击韧度 a_{Ku} 的依据。
(7)观察两种材料冲击断裂后断口的形貌。

五、注意事项

(1)安装试样前,严禁抬高摆锤。
(2)摆锤抬起后,在摆锤摆动范围内,切忌站人、行走及放置任何障碍物。
(3)摆锤下落尚未冲断试件前,切勿过早按制动电钮,以免提高冲击功的数值。

六、实验结果

表 4-19　冲击试验记录表

实验材料	试样缺口处截面尺寸			冲击功 A_{Ku}/J		冲击韧度 a_{Ku} /J·cm^2	缺口特征
	宽度/mm	高度/mm	截面面积/mm^2	三次冲击	平均值		
低碳钢							
灰铸铁							

4.10 弹性模量和泊松比测定实验

一、实验目的

（1）测定金属材料的弹性模量 E 和泊松比 μ 并验证虎克定律。
（2）掌握电测法的原理和电阻应变仪的操作。

二、实验仪器和工具

（1）多功能电测实验装置。
（2）智能全数字式静态应变仪。
（3）数显游标卡尺。

三、实验原理

板试样的布片方案如图 4-34 所示。在试样中部截面上，沿正反两侧分别对称地布有一对轴向片 R 和一对横向片 R'。试样受拉时轴向片 R 的电阻变化为 ΔR，相应的轴向应变为 ε_p，与此同时横向片因试样收缩而产生横向应变为 ε'。弹性模量 E 与泊松比 μ 的测试方法如下。

1. 弹性模量 E 的测试

在线弹性范围内 $E=\dfrac{\sigma}{\varepsilon}$ 代表 σ-ε 曲线直线部分的斜率。由于试验装置和安装初始状态的不稳定性，拉伸曲线的初始阶段往往是非线性的。为了减少测量误差，试验宜从初载 P_0 开始，$P_0 \neq 0$，与 P_0 对应的应变仪读数 ε_p 可预调到零，也可设定一个初读数，而 E 可通过式（4-8）测定，如图 4-35 所示。

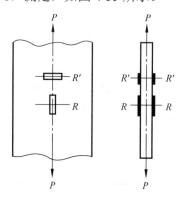

图 4-34　板试件布片方案

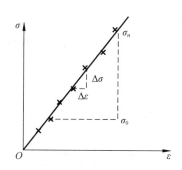

图 4-35　E 的测定

$$E = \frac{\Delta \sigma}{\Delta \varepsilon} = \frac{P_n - P_0}{A_0(\varepsilon_n - \varepsilon_0)} \tag{4-8}$$

P_0 为试验的末载荷，为保证模型试验的安全，试验的最大载荷 P_{max} 应在试验前按同类材料的弹性极限 σ_c 进行估算，P_{max} 应使 $\sigma_{max} < 80\% \sigma_c$。

为验证胡克定律，载荷由 $P_0 \sim P_n$ 可进行分级加载，$\Delta P = \dfrac{P_n - P_0}{n}$，其中 $P_n < P_{max}$。每增加一个 ΔP，即记录一个相应的应变读数，检验 ε 的增长是否符合线性规律。用上述板试样测 E，合理地选择组桥方式可有效地提高测试灵敏度和试验效率。

（1）单臂测量，如图 4-36（a）所示。

试验时，在一定载荷条件下，分别对前、后两枚轴向应变片进行单片测量，并取其平均值 $\bar{\varepsilon} = \dfrac{\varepsilon_{前} + \varepsilon_{后}}{2}$。显然（$\bar{\varepsilon}_n - \bar{\varepsilon}_0$）代表载荷在（$P_n - P_0$）作用下试样的实际应变量。而且 $\bar{\varepsilon}$ 消除了偏心弯曲引起的测量误差。

（2）轴向片串联后的单臂测量，如图 4-36（b）所示。

为消除偏心弯曲的影响，可将前后轴向片串联后接在同一桥臂（AB）上，而相邻臂（BC）连接相同阻值的补偿片。受拉两轴向片的电阻变化分别为

$$\Delta R = \begin{cases} \Delta R_P + \Delta R_M \\ \Delta R_P - \Delta R_M \end{cases} \tag{4-9}$$

ΔR_M 为偏心弯曲引起的电阻变化，拉、压两侧大小相等方向相反，根据桥路原理 AB 臂有如下关系式：

$$\frac{\Delta R_1}{R_1} = \frac{\Delta R_P + \Delta R_M + \Delta R_P - \Delta R_M}{R + R} = \frac{\Delta R_P}{R}$$

因此，轴向片串联后，偏心弯矩的影响自动消除，而应变仪的读数就等于试样的应变，即 $\varepsilon_{仪} = \varepsilon_p$，显然测量灵敏度没有提高。

（3）串联后的半桥测量，如图 4-36（c）所示。

若两轴向片串联后接 AB；两横向片串联后接 BC，偏心弯曲的影响可自动消除，而且温度可自动补偿。根据桥路原理可得

$$\Delta_{UDB} = \frac{EK}{4}(\varepsilon_1 - \varepsilon_2 + \varepsilon_3 - \varepsilon_4)$$

式中，$\varepsilon_1 = \varepsilon_p$；$\varepsilon_2 = -\mu\varepsilon_p$，$\varepsilon_p$ 轴向应变，μ 为材料的泊桑比。由于 ε_3、ε_4 为零，则

$$\Delta_{UDB} = \frac{KE}{4}\varepsilon_p(1+\mu) \tag{4-10}$$

输出电压是单臂工作的（$1+\mu$）倍，即

$$\varepsilon_{仪} = \varepsilon_p(1+\mu) \tag{4-11}$$

而

$$\varepsilon_p = \frac{\varepsilon_{仪}}{(1+\mu)} \tag{4-12}$$

如果材料的泊桑比已知，这种组桥方式测量灵敏度提高（$1+\mu$）倍。

（4）全桥测量，如图 4-36（d）所示。

按如图 4-36（d）所示的方式组桥进行全桥测量，不仅消除了偏心和温度的影响，而且输出电压是单臂测量的 $2(1+\mu)$ 倍，即

$$\varepsilon_{仪} = 2\varepsilon_p(1+\mu) \tag{4-13}$$

测量灵敏度比单臂工作时提高 $2(1+\mu)$ 倍。

2. 泊松比 μ 的测试

利用试样的横向片和轴向片合理组桥：在设定载荷下分别测定试样的横向应变 ε' 和轴向应变 ε_p 并随时检验其增长是否符合线性规律，测出一组 ε' 和 ε_p 值，即可确定 μ 值。

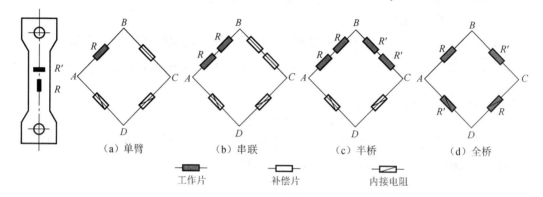

图 4-36　几种不同的组桥方式

四、实验步骤

（1）分别在试件标距两端及中间处测量厚度和宽度，将三处测得横截面面积的算术平均值作为试样原始横截面积，数据记录在表 4-20 中。

（2）拟定加载方案。

（3）试验机准备、试件安装和仪器调整。

（4）确定组桥方式、接线和设置应变仪参数。

（5）检查以上步骤完成情况，然后预加载荷至加载方案的最大值，再卸载至初载荷以下，以检查试验机及应变仪是否处于正常状态。

（6）加初载荷，记下此时应变仪的读数或将读数清零。然后逐级加载，记录每级载荷下各应变片的应变值，数据记录在表 4-20 中。同时注意应变变化是否符合线性规律。重复该过程至少 2～3 遍，如果数据稳定，重复性好即可。

五、实验结果

表 4-20　弹性模量和泊松比测定记录表

试样尺寸：厚 $h =$ _____ mm，宽 $b =$ _____ mm，横截面面积 $A =$ _____ mm^2

载荷/N		应变读数（$\mu\varepsilon$）			
F 读数	增量 ΔF	应变片 R_1 读数 ε_1	增量 $\Delta\varepsilon_1$	应变片 R_2 读数 ε_2	增量 $\Delta\varepsilon_2$
增量均值 $\overline{\Delta F} =$ _____ N		增量均值 $\overline{\Delta\varepsilon} =$ _____			
弹性模量 $E = \dfrac{\overline{\Delta F}}{A \cdot \overline{\Delta\varepsilon}} \times 10^6 =$ _____ GPa					

4.11 纯弯曲梁正应力测定

一、实验目的

（1）用电测法测定纯弯曲梁弯曲时横截面各点的正应力大小和分布规律，验证纯弯曲梁的正应力计算公式。

（2）了解电测法的基本原理，掌握力和应变综合参数测试仪的操作方法。

二、实验仪器和工具

（1）纯弯曲梁实验装置。
（2）力和应变综合参数测试仪。
（3）游标卡尺。

三、实验原理

1. 验证纯弯曲梁的正应力计算公式

由梁的内力分析，如图 4-37 所示可知，BC 段的剪力为零，弯矩为 $M = \dfrac{1}{2}Fa$，因而梁的 BC 段为纯弯曲段。

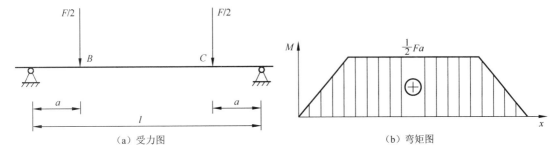

（a）受力图　　　　　　　　　　（b）弯矩图

图 4-37　纯弯曲梁受力图和弯矩图

在纯弯曲条件下，根据平面假设和纵向纤维间无正应力的假设，可得梁横截面上任一点的正应力计算公式为

$$\sigma = \frac{My}{I_z}$$

式中，M 为弯矩，I_z 为横截面对中性轴的惯性矩，y 为所求应力点到中性轴的距离。

2. 梁上应变片的分布

为了测量梁在纯弯曲时横截面上正应力的分布规律，在梁的纯弯曲段沿梁侧面不同高度，平行于轴线贴有应变片，如图 4-38 所示。

3. 实验原理

实验采用半桥单臂、公共补偿、多点测量方法。加载采用增量法，即每增加等量的载荷 ΔF，测出各点的应变增量 $\Delta \varepsilon_{实i}$，然后分别取各点应变增量的平均值 $\Delta \bar{\varepsilon}_{实i}$，依次求出各

点的应变增量 $\Delta\bar{\sigma}_{实i} = E\Delta\bar{\varepsilon}_{实i}$，将实测应力值与理论应力值 $\Delta\sigma_i = \dfrac{\Delta My_i}{I_z} = \dfrac{1/2\Delta Fay_i}{I_z}$ 进行比较，以验证弯曲正应力公式。

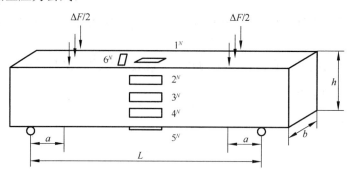

图 4-38　应变片在梁中的位置分布

四、实验步骤

（1）设计好本实验所需的各类数据表格，如表 4-21～表 4-25 所示。

（2）测量矩形截面梁的宽度 b 和高度 h、载荷作用点到梁支点距离 a 及各应变片到中性层的距离 y_i。可参考表 4-21 相关数据。

（3）输入传感器量程及灵敏度和应变片灵敏系数（一般首次使用时已调好，如实验项目及传感器没有改变，可不必重新设置）。

（4）拟订加载方案。先选取适当的初载荷 P_0（一般取 $P_0=10\%P_{max}$ 左右），估算 P_{max}（该实验载荷范围 $P_{max}\leq 4000N$），分 4～6 级加载。

（5）分清各测点应变片引线，按实验要求接好线，调整好仪器和实验加载装置，检查整个测试系统是否处于正常工作状态。

（6）根据加载方案加载。首先在不加载的情况下将测力量和应变量调至零；然后均匀缓慢加载至初载荷 P_0，记下各点应变的初始读数；再分级等增量加载，每增加一级载荷，依次记录各点电阻应变片的应变值 ε_i，直到最终载荷。（注意：将实验数据记入相关表格，如表 4-22 所示；同时对数据做初步整理，如表 4-23 所示。）实验至少重复两次。

（7）做完实验后，卸掉载荷，拆除接线，关闭电源，整理好所用仪器设备，清理实验现场。

五、注意事项

（1）每次实验先将仪器接通电源，打开仪器预热 20min 左右。

（2）看清实验台上的加载、卸载指示旋转方向，加载时缓慢均匀地旋转手轮。

（3）加载机构作用行程为 50mm，手轮转动快到行程末端时应缓慢转动，以免撞坏有关定位件。该装置只允许施加 4000N 载荷，超载会损坏实验装置。

（4）所有实验进行完后，应释放加力机构，以免损坏传感器和有关试件。

六、实验结果

表 4-21 实验台相关数据

应变片至中性层距离/mm		梁的尺寸和有关参数
y_1	-20	宽　度　$b = 20$ mm
y_2	-10	高　度　$h = 40$ mm
y_3	0	跨　度　$L = 620$ mm
y_4	10	载荷距离　$a = 150$ mm
y_5	20	弹性模量　$E = 210$ GPa
		泊 松 比　$\mu = 0.26$
		惯 性 矩　$I_z = bh^3/12 = 1.067 \times 10^{-7}$ m^4

表 4-22 实验数据记录表

加载序号	载荷值 F_i/N	1 点 ε_d	2 点 ε_d	3 点 ε_d	4 点 ε_d	5 点 ε_d	6 点 ε_d
0	500						
1	1000						
2	1500						
3	2000						
4	2500						
5	3000						
6	3500						

表 4-23 实验数据整理表

序号	ΔF/N	1 点 $\Delta\varepsilon_d$	2 点 $\Delta\varepsilon_d$	3 点 $\Delta\varepsilon_d$	4 点 $\Delta\varepsilon_d$	5 点 $\Delta\varepsilon_d$	6 点 $\Delta\varepsilon_d$
1							
2							
3							
4							
5							
6							
平均值							

注：算得表中每上下相邻数据差后，按对应顺序填入此表，然后求出每竖栏数据的算术平均值。

表 4-24 实验值与理论值的比较

测　点	理论值 $\Delta\sigma_{理i}$/MPa	实际值 $\Delta\sigma_{实i}$/MPa	相对误差（%）
1			
2			
3			

续表

测 点	理论值 $\Delta\sigma_{理i}$/MPa	实际值 $\Delta\sigma_{实i}$/MPa	相对误差（%）
4			
5			
μ			

表 4-25 实验与理论的应力分布曲线

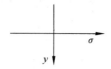

4.12 薄壁圆筒弯扭组合应力测定

一、实验目的

（1）用电测法测定平面应力状态下一点的主应力的大小和方向，并与理论计算值进行比较。

（2）测定薄壁圆筒在弯扭组合变形作用下的弯矩和扭矩。

（3）掌握电阻应变仪的使用。

二、实验设备和工具

（1）弯扭组合实验装置。

（2）力和应变综合参数测试仪。

（3）游标卡尺。

三、实验原理

1. 仪器介绍

本实验装置所用试件为无缝钢管制成的一薄壁圆筒，当在扇臂端加一集中外力时，薄壁圆筒将产生弯扭组合变形，实验装置及其计算简图和内力图如图 4-39 所示。

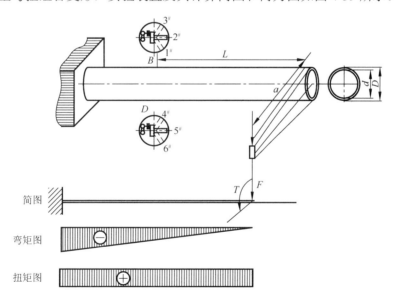

图 4-39 弯扭组合实验台受力图

贴片截面 B-D 为被测位置，截面上的各种应力分布如图 4-40 所示。贴片截面 B-D 各点的应力状态分析如图 4-41 所示。由应力状态分析可知构件表面上的 B、D 点为平面应力状态，B 点的应力有 $\sigma_{弯}$ 和 $\tau_{扭}$ 在测量时可以分别测量；A、C 点为纯剪切应力状态。

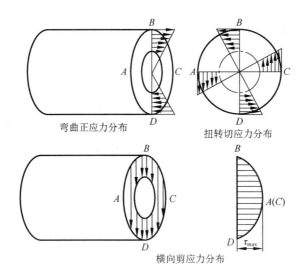

图 4-40 截面应力分布图

2. 测定主应力大小和方向

由应力状态分析可知构件表面上的 B、D 点为平面应力状态，若在被测位置 x,y 平面内，沿 x,y 方向的线应变为 $\varepsilon_x, \varepsilon_y$，切应变为 γ_{xy}，根据应变分析可知，该点任一方向 α 的线应变的计算公式为

$$\varepsilon_\alpha = \frac{\varepsilon_x + \varepsilon_y}{2} + \frac{\varepsilon_x - \varepsilon_y}{2}\cos 2\alpha - \frac{1}{2}\gamma_{xy}\sin 2\alpha \qquad (4\text{-}14)$$

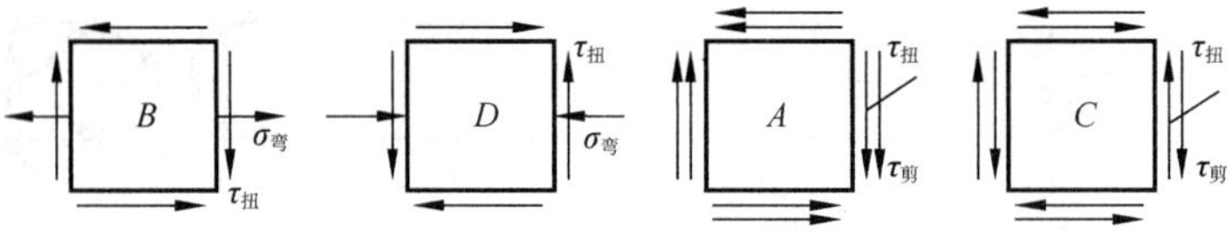

图 4-41 截面各点应力状态

由此得到主应变和方向为

$$\left.\begin{array}{l}\left.\begin{array}{l}\varepsilon_1\\\varepsilon_3\end{array}\right\} = \dfrac{\varepsilon_x + \varepsilon_y}{2} \pm \sqrt{\left(\dfrac{\varepsilon_x - \varepsilon_y}{2}\right)^2 + \left(\dfrac{\gamma_{xy}}{2}\right)^2}\\[2ex]\tan 2\alpha_0 = -\dfrac{\gamma_{xy}}{\varepsilon_x - \varepsilon_y}\end{array}\right\} \qquad (4\text{-}15)$$

对各向同性材料，主应变 $\varepsilon_1, \varepsilon_3$ 和主应力 σ_1, σ_3 方向一致。应用广义胡克定律，即可确定主应力 σ_1, σ_3 为

$$\left.\begin{array}{l}\sigma_1 = \dfrac{E}{1-\mu^2}(\varepsilon_1 + \mu\varepsilon_3)\\[2ex]\sigma_3 = \dfrac{E}{1-\mu^2}(\varepsilon_3 + \mu\varepsilon_1)\end{array}\right\} \qquad (4\text{-}16)$$

式中：E, μ 分别为构件材料的弹性模量和泊松比。

本实验装置采用45°的直角应变花，应变花上三个应变片的 α 角分别为 $-45°, 0°, 45°$，代入式（4-14），得出沿这三个方向的线应变分别是

$$\left.\begin{array}{l}\varepsilon_{-45°} = \dfrac{\varepsilon_x + \varepsilon_y}{2} + \dfrac{\gamma_{xy}}{2} \\ \varepsilon_{0°} = \varepsilon_x \\ \varepsilon_{45°} = \dfrac{\varepsilon_x + \varepsilon_y}{2} - \dfrac{\gamma_{xy}}{2}\end{array}\right\} \quad (4\text{-}17)$$

从式（4-17）中可以得出

$$\left.\begin{array}{l}\varepsilon_x = \varepsilon_{0°} \\ \varepsilon_y = \varepsilon_{45°} + \varepsilon_{-45°} - \varepsilon_{0°} \\ \gamma_{xy} = \varepsilon_{-45°} - \varepsilon_{45°}\end{array}\right\} \quad (4\text{-}18)$$

将式（4-18）代入式（4-15），可得主应变和主方向为

$$\left.\begin{array}{l}\left.\begin{array}{l}\varepsilon_1 \\ \varepsilon_3\end{array}\right\} = \dfrac{\varepsilon_{-45°} + \varepsilon_{45°}}{2} \pm \dfrac{\sqrt{2}}{2}\sqrt{(\varepsilon_{-45°} - \varepsilon_{0°})^2 + (\varepsilon_{45°} - \varepsilon_{0°})^2} \\ \tan 2\alpha_0 = \dfrac{\varepsilon_{45°} - \varepsilon_{-45°}}{2\varepsilon_{0°} - \varepsilon_{-45°} - \varepsilon_{45°}}\end{array}\right\} \quad (4\text{-}19)$$

再将主应变代入胡克定律的式（4-16）后得

$$\left.\begin{array}{l}\sigma_1 \\ \sigma_3\end{array}\right\} = \dfrac{E(\varepsilon_{45°} + \varepsilon_{-45°})}{2(1-\mu)} \pm \dfrac{\sqrt{2}E}{2(1+\mu)}\sqrt{(\varepsilon_{45°} - \varepsilon_{0°})^2 + (\varepsilon_{-45°} - \varepsilon_{0°})^2} \quad (4\text{-}20)$$

如果测得三个方向应变值为 $\varepsilon_{-45°}, \varepsilon_{0°}, \varepsilon_{45°}$，由式（4-19）和式（4-20）即可确定一点处主应力的大小及方向的实验值。

3. 测定弯矩

薄壁圆筒虽为弯扭组合变形，但 B 和 D 两点因剪力引起的切应力 $\tau_j = 0$，而因扭矩引起的切应力 τ_n 与轴向应变无关，沿 x 方向只有因弯曲引起的拉伸或压缩应变，且两者数值相等符号相反。因此，只要在 B 点（D 点）轴向布片，采用不同的组桥方式测量，即可得到 B、D 两点由弯矩引起的轴向应变 ε_M。由广义胡克定律 $\sigma = E\varepsilon_M$，最大弯曲正应力公式 $\sigma = \dfrac{M}{W_Z}$ 可得截面 B-D 的弯矩实验值为

$$M = \sigma W_Z = E\varepsilon_M W_Z = \dfrac{E\pi D^3(1-\alpha^4)}{32}\varepsilon_M, \quad \alpha = \dfrac{d}{D} \quad (4\text{-}21)$$

4. 测定扭矩

（1）方法一：利用 B、D 两点处的应变花。

根据广义胡克定律，B 和 D 两点因扭矩引起的切应力 τ_n 只会引起切应变，由式（4-18）可得 $\gamma_{xy} = \varepsilon_{-45°} - \varepsilon_{45°}$，因此，只要在 B 点（D 点）±45°方向布片，采用不同的组桥方式测量，即可得到 B、D 两点由扭矩引起的切应变 γ_n。

由广义胡克定律 $\tau_n = G\gamma_n = \dfrac{E}{2(1+\mu)}\gamma_n$，截面上最大扭转切应力公式 $\tau_n = \dfrac{T}{W_t}$ 可得截面 B—D 的扭矩实验值为

$$T = \tau_n W_t = \dfrac{E\gamma_n}{2(1+\mu)} \dfrac{\pi D^3 (1-\alpha^4)}{16}, \quad \alpha = \dfrac{d}{D} \tag{4-22}$$

（2）其他方法：利用 A、C 两点处的应变花，如图 4-42 所示。

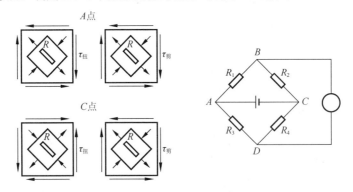

图 4-42 A、C 点应力状态和接线图

测量 $\tau_{扭}$ 时因为 $\tau_{扭}$ 在横截面周边处都相等，在纵向截面处不但有 $\tau_{扭}$ 而且还有弯曲剪力引起的 τ_j。根据 A、C 点的应力状态分析（纯剪切），为了测出 $\tau_{扭}$，在 A 点和 C 点处与轴线成 ±45°，各贴两片电阻片。根据桥路的加减特性，请考虑利用 A、C 点 ±45° 方向的应变片是否还有其他接线方案（半桥或全桥）。

四、实验步骤

（1）设计好本实验所需的各类数据表格。

（2）测量力臂的长度 a 和测点距力臂的距离 L，确定试件有关参数，如表 4-26 所示。

（3）输入传感器量程及灵敏度和应变片灵敏系数（一般首次使用时已调好，如实验项目及传感器没有改变，可不必重新设置）。

（4）拟订加载方案，根据设计要求，初载 $P_0 \geqslant 100\text{N}$，终载 $P_{\max} \leqslant 500\text{N}$，分 4～6 级等增量加载。

（5）分清各测点应变片引线，将薄壁圆筒上的应变片按不同测试要求接到综合参数测试仪上，并调整好仪器，检查整个测试系统是否处于正常工作状态，完成下列参数的测定。

① 主应力大小、方向测定：将 B、D 两点的 −45°,0°,45° 方向的应变片按半桥单臂、公共温度补偿法组成测量线路进行测量。

② 测定弯矩：将 B 和 D 两点的两只 0° 方向的应变片按半桥双臂组成测量线路进行测量（$\varepsilon_M = \varepsilon_d / 2$，$\varepsilon_d$ 为仪器读数）。

③ 测定扭矩：将 B 点的 −45°,45° 和 D 点的 45°,−45° 方向的四只应变片按全桥方式组成测量线路进行测量（$\gamma_n = \varepsilon_d / 2$，$\varepsilon_d$ 为仪器读数）。也可以根据实验要求，自行设计组桥方案。

（6）加载。首先在不加载的情况下将测力量和应变量调至零；然后缓慢均匀加载至初

载荷 P_0，记下各点应变的初始读数；再分级等增量加载，每增加一级载荷，依次记录各点应变片的应变值，直到最终载荷（将实验数据记入相关表格，如表 4-27 和表 4-28 所示）实验至少重复两次。

（7）做完实验后，卸掉载荷，拆除接线，关闭电源，整理好所用仪器设备，清理实验现场。

五、注意事项

（1）看清实验台上的加载、卸载指示旋转方向，加载时缓慢均匀地旋转手轮。

（2）在实验装置中，圆筒的管壁很薄，为避免损坏装置，注意切勿超载（该装置只允许施加 500N 载荷），不能用力扳动圆筒的自由端和力臂。

（3）测定每项参数时，在不加载的情况下将测力量和应变量首先清零，等显示数据稳定后再加载。

（4）所有实验进行完后，应释放加力机构，以免闲杂人员乱动损坏传感器和有关试件。

六、实验结果

表 4-26 圆筒的尺寸和有关参数

扇臂长度 $a=$ _____ mm	弹性模量 $E=210$ GPa
计算长度 $L=$ _____ mm	泊 松 比 $\mu=0.26$
外　　径 $D=40$ mm	内　　径 $d=35.8$ mm

表 4-27 实验数据记录表格

载荷/N		F	100	150	200	250	300	350	400
		ΔF	50	50	50	50	50	50	50
各测点综合参数测试仪读数 μ_ε	−45°	ε_d							
		$\Delta\varepsilon_d$							
		平均值							
	B 点 0°	ε_d							
		$\Delta\varepsilon_d$							
		平均值							
	45°	ε_d							
		$\Delta\varepsilon_d$							
		平均值							
各测点综合参数测试仪读数 μ_ε	−45°	ε_d							
		$\Delta\varepsilon_d$							
		平均值							
	D 点 0°	ε_d							
		$\Delta\varepsilon_d$							
		平均值							
	45°	ε_d							
		$\Delta\varepsilon_d$							
		平均值							

续表

载荷/N			F	100	150	200	250	300	350	400
			ΔF	50	50	50	50	50	50	50
测试仪读数 μ_ε	弯矩 ε_M		ε_d							
			$\Delta\varepsilon_d$							
			平均值							
	扭矩 ε_n		ε_d							
			$\Delta\varepsilon_d$							
			平均值							

表 4-28　实验值与理论值比较

B、D 点主应力及方向

	比较内容	实验值	理论值	相对误差/（%）
B 点	σ_1/MPa			
	σ_3/MPa			
	α_1/（°）			
	α_3/（°）			
D 点	σ_1/MPa			
	σ_3/MPa			
	α_1/（°）			
	α_3/（°）			

B-D 截面弯矩和扭矩

比较内容	实验值	理论值	相对误差/（%）
弯矩（N·m）			
扭矩（N·m）			

第 5 章　机械机构的组成和运动

"机械"是"机器"和"机构"的总称。在工程实际中，常见的机构有带传动机构、链传动机构、齿轮传动机构、凸轮机构等。这些种机构都是用来传递与变换运动和力的可动的装置。

5.1　常用机构的认识、分析与测绘

任何机器都是由许多零件组合而成的。在这些零件中，有的是作为一个独立的运动单元体而运动的，有的则常常由于结构上和工艺上的需要，而与其他零件刚性地连接在一起，作为一个整体而运动。这些刚性地连接在一起的零件共同组成一个独立的运动单元体。机器中每一个独立的运动单元体成为一个构件。

当由构件组成机构时，需要以一定的方式把各个构件彼此连接起来，而且每个构件至少必须与另一构件相连接。不过，这种连接不能是刚性的，被连接的两构件间应仍能产生某些相对运动。我们把这种由两个构件直接接触而组成的可动的连接称为运动副。

一、实验目的

（1）了解各种常用机构的组成及运动情况。
（2）了解各种常用机构的实际应用。
（3）掌握机构运动简图的测绘方法。
（4）掌握机构自由度的计算方法及其在实际中的应用，并能够判断机构具有确定运动的条件。

二、实验仪器及工具

（1）常用机构展示柜。
（2）常用机构模型。
（3）直尺、三角板、铅笔、橡皮及草稿纸。

三、实验原理

1. 机构运动简图表示方法

在对现有机械进行分析或设计新机械时，都需要绘出其机构运动简图。

由于机构各部分的运动，是由其原动件的运动规律、该机构中各运动副的类型和机构的运动尺寸（确定各运动副相对位置的尺寸）来决定的，而与构件的外形（高副机构的运动副元素除外）、断面尺寸、组成构件的零件数目及固联方式等无关，所以，只要根据机构的运动尺寸，按一定的比例尺定出各运动副的位置，就可以用运动副及常用机构运动简图的代表符号和构件的表示方法，将机构的运动传递情况表示出来。这种用以表示机构运动

传递情况的简化图形称为机构运动简图。

2. 几种常用简图表示方法

（1）具有两个转动副的构件，用一条直线连接两个运动副元素，表示转动副的小圆，其圆心必须与相对回转中心重合，如图 5-1 所示。

图 5-1　具有两个转动副的构件

（2）具有多个转动副的构件，用直线将相邻转动副元素的几何中心连接成多边形，并在相邻两直线相交部位涂以焊接记号，或画上阴影线，如三个转动副元素位于一直线上，可用跨越半圆符号表示，如图 5-2 所示。

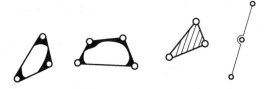

图 5-2　具有多个转动副构件

（3）具有两个移动副的构件，导路必须与相对移动方向一致，如图 5-3 所示。

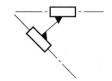

图 5-3　具有两个移动副构件

（4）具有一个转动副和一个移动副的构件，如图 5-4 所示。

图 5-4　具有一个转动副和一个移动副构件

（5）具有一个转动副和一个高副的构件，高副元素与实际轮廓相符，如图 5-5 所示。

图 5-5　具有一个转动副和一个高副的构件

3. 机构具有确定运动的条件

机构具有确定运动时所必须给定的独立运动参数的数目，称为机构的自由度。

机构具有确定运动的条件如下：

(1) 机构的原动件的数目大于 1。
(2) 同时机构的原动件的数目应等于机构的自由度的数目。

4. 计算平面机构自由度需要注意事项

在平面机构中，各构件只作平面运动。所以，每个自由构件具有 3 个自由度。而每个平面低副各提供两个约束，每个平面高副只提供 1 个约束。设平面机构中共有 n 个活动构件（机架不是活动构件），在各构件尚未构成运动副时，它们共有 $3n$ 个自由度。而当各构件构成运动副之后，设共有 p_l 个低副和 p_h 个高副，它们将提供 $(2p_l + p_h)$ 个约束，故机构的自由度为

$$F = 3n - (2p_l + p_h) \tag{5-1}$$

在计算机构的自由度时，往往会遇到按公式计算出的自由度数与机构的实际自由度数不相符合的情况。这是因为在计算机构的自由度时，还有某些应注意的事项未能正确处理的缘故。现将应注意的主要事项简述如下。

(1) 在计算公式中，n 表示活动构件数，而不是所有构件数。
(2) 要正确计算运动副的数目。
(3) 要除去局部自由度。
(4) 要除去虚约束。

四、实验内容及步骤

1. 观察各类常用机构模型和陈列柜演示

(1) 轻轻地、慢慢地转动手柄，从原动件开始仔细观察其依次传动的过程，找出哪些是固定件，哪些是活动件，确定出活动构件的数目，分析各构件相对运动性质，确定运动副的类型和数目。

(2) 为了能更清楚地表示其相对运动，需要选择各构件的运动平面为投影面，判断各构件之间的运动副性质（高副、低副）。为了使构件之间的关系易于表达，应将原动件置于一个恰当的位置，至少是使各种构件及运动副相互不遮挡、不重合。

2. 分析计算常用机构的机构自由度

认真观察分析常用机构的模型，从原动件一侧数起，分别记录活动构件数目，低副数和高副数。注意计算机构自由度出现的常见问题，代入公式计算机构自由度，并判定机构是否具有确定运动。

3. 测绘常用机构的运动简图

① 采用徒手目测的方法，画出机构示意图。各构件和运动副面的相对位置要大致成比例。各构件和运动副的画法要符合规定，并分别以 1，2，3，…和 A，B，C，…标记。

② 由原动件开始依次测量出各运动副的相对位置，以毫米（mm）为单位，并逐一标注在机构示意图上。角度问题可以转化为长度问题来测量，测量应精确，可取多次测量的平均值。

③ 选择适当的比例尺（可根据实际尺寸和图纸的大小适当选取），将机构示意图转化为正规的机构运动简图。为了便于对机构进行分析，在机构运动简图上还可以标出与运动

有关的尺寸，例如，转动副之间的中心距，移动副导路之间的距离等。

五、实验报告

（1）按要求绘制 3 种机构模型的机构运动简图，并标注机构名称。

（2）计算所绘机构的自由度，指出所绘机构的原动件，并据此分析机构具有确定运动的条件。

六、思考题

（1）机构运动简图有何用处？它能表示原机构哪些方面的特征？

（2）机构运动简图和机构运动示意图有什么区别？

（3）绘制机构运动简图时，原动件的起始位置会不会影响机构运动简图的正确性？

（4）计算机构的自由度对测绘机构运动简图有何帮助？

5.2 渐开线齿轮范成实验

齿轮机构是在各种机构中应用最为广泛的一种传动机构。它可用来传递空间任意两轴间的运动和动力，并具有功率范围大、传动效率高、传动比准确、使用寿命长、工作安全可靠等特点。

一对齿轮传动，是依靠主动轮轮齿的齿廓，推动从动轮轮齿的齿廓来实现的。若两轮的传动能实现预定的传动比规律，则两轮相互接触传动的一对齿廓称为共轭齿廓。

如图 5-6 所示，当一直线 BK 沿一圆周作纯滚动时，直线上任一点 K 的轨迹 AK，就是该圆的渐开线。该圆称为渐开线的基圆，直线 BK 称为渐开线的发生线。

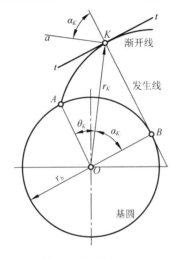

图 5-6 渐开线形成

一、实验目的

（1）观察渐开线齿廓的范成形成过程，掌握范成法加工齿轮的原理。
（2）了解根切产生的原因及避免根切的方法。
（3）分析比较标准齿轮与变位齿轮的异同点。

二、实验设备和工具

（1）齿轮范成仪，绘图纸，剪刀。
（2）学生自备圆规，铅笔，三角板等。

三、实验原理

范成法（又称为展成法或包络法）是利用一对渐开线齿轮或齿条与齿轮相互啮合时，其共轭齿廓互为包络线的原理来切制齿轮的一种方法。加工时，如果把其中一个齿轮（或齿条）制成刀具，把另一个齿轮看成轮坯，使两者以恒定的传动比转动（范成运动），则在各个瞬时所画刀刃位置的包络线，便在轮坯上形成了渐开线齿廓。为了能清楚地观察到加工刀刃相对齿坯的各个位置和包络线形成的全过程，通常采用齿轮范成仪来进行范成实验。

齿轮范成仪有多种结构形式，常用的是齿轮齿条啮合传动，如图 5-7 所示，它主要是由圆形托盘、压环螺母、齿条刀具、移动溜板、锁紧螺钉等组成的。圆形托盘背面上装有齿轮，它与移动溜板上的齿条啮合。使用时，首先用绘图纸做成圆齿坯，用压环螺母固定在托盘上，齿条刀具安装在移动溜板上，并用锁紧螺钉固定，推动移动溜板，齿条刀具可随移动溜板作水平左右移动。松开锁紧螺钉可调节齿条刀具相对齿坯中心径向位置，用来范成变位齿轮齿廓。

图 5-7　常用齿轮范成仪外形

四、实验步骤

1. 实验准备工作

根据范成仪齿条刀具的模数和齿坯的齿数，先计算出齿坯的分度圆直径、基圆直径、齿根圆直径、齿顶圆直径，并在绘图纸上绘出标准齿轮的齿根圆、基圆、分度圆、齿顶圆。同时根据指导教师给出的变位系数，计算出变位齿轮的上述参数和绘制变位齿轮的齿根圆、齿顶圆。

2. 绘制标准齿轮齿廓

（1）将齿坯装在圆盘上，并压在齿条刀具下后用压环螺母固定。

（2）松开锁紧螺钉，调整刀具径向位置，使刀具的节线与齿坯分度圆相切，拧紧锁紧螺钉。

（3）将齿条刀具推至左边（或右边）极限位置，用笔在轮坯上画出齿条刀具的齿廓曲线，然后向右（或左）每次移动刀具 3~5mm，画一次刀具齿廓曲线，直到绘出 2~3 个完整的齿廓为止。这些齿廓的包络线即为标准渐开线齿轮的齿廓。

3. 绘制变位齿轮齿廓

（1）重新安装轮坯。

（2）调整刀具径向位置，使齿条刀具的分度线相对于绘制标准齿轮的位置下移（正变位）或上移（负变位）。

（3）按绘制标准齿轮齿廓的方法，绘出 2~3 个完整齿的变位齿轮齿廓。

4. 观察绘得的标准齿轮齿廓和变位齿轮齿廓

图 5-8 所示为绘制的标准渐开线齿轮轮廓图和正变位齿轮的轮廓图。

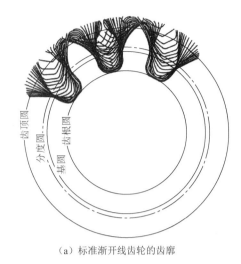
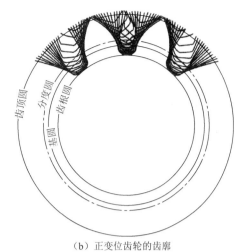

（a）标准渐开线齿轮的齿廓　　　　　　　　　　（b）正变位齿轮的齿廓

图 5-8　渐开线齿轮范成齿廓图

五、实验报告

数据记录表格

已知基本参数	模数 m	齿数 z	齿顶高系数 h_a^*	顶隙系数 c^*	变位量 xm
			1	0.25	±10

序号	项目	计算公式	计算结果		
			标准齿轮	变位齿轮	
				正变位	负变位
1	变位系数				
2	齿顶高				
3	齿根高				
4	全齿高				
5	分度圆直径				
6	齿顶圆直径				
7	齿根圆直径				
8	基圆直径				
9	齿距				
10	分度圆齿厚				
11	分度圆齿槽宽				

六、思考题

（1）比较标准齿轮与变位齿轮的异同点。

（2）根切现象是如何产生的？为了避免根切可采取哪些措施？

5.3 渐开线直齿圆柱齿轮的参数测定

一、实验目的

（1）熟悉掌握渐开线齿轮各部分的名称和几何关系。

（2）学会运用一般测量工具测定渐开线齿轮的各基本参数；通过参数测量，从中掌握标准齿轮与变位齿轮的基本判别方法。

（3）学会测量齿厚的一般方法。

二、实验设备和工具

（1）被测齿轮（奇、偶数齿的标准齿轮各一个，正、负变位齿轮各一个）。

（2）游标卡尺。

（3）公法线千分尺。

（4）渐开线函数表，并自备计算器和稿纸。

三、实验原理

1. 齿轮各部分名称及符号

为了进一步研究齿轮传动的设计和使用问题，必须先熟悉齿轮各部分的名称，基本参数和几何尺寸的计算，图5-9所示为一标准直齿圆柱外齿轮的一部分。

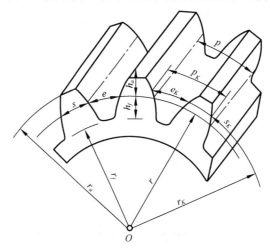

图5-9 标准直齿外齿轮外形

（1）齿数（z）。齿轮上每个凸起部分称为轮齿，在齿轮整个圆周上轮齿的总数称为齿数。

（2）齿顶圆（直径d_a、半径r_a）。齿轮各轮齿的顶端位于同一圆周上，该圆称为齿顶圆。

（3）齿根圆（直径d_f、半径r_f）。齿轮各轮齿之间的齿槽底部也位于同一圆周上，该圆称为齿根圆。

（4）齿槽宽（e_K）。齿轮上相邻两轮齿之间的空间称为齿槽，在任意半径r_K的圆周上，齿槽的弧线长称为该圆上的齿槽宽。

（5）齿厚（s_K）。在任意半径r_K的圆周上，轮齿的弧线长称为该圆的齿厚。

（6）齿距（p_K）。沿任意半径r_K的圆上相邻两齿的同侧齿廓间的弧线长称为该圆上的齿距。

（7）分度圆（直径d，半径r）。在齿顶圆和齿根圆之间，规定一个作为计算齿轮各部分尺寸的基准的圆，称该圆为齿轮的分度圆。分度圆上的齿槽宽、齿厚和齿距分别用e、s和p表示。

（8）模数（m）。在齿轮分度圆上，周长$=\pi d=zp$，即$d=zp/\pi$。为了便于设计、制造和检验，人为地规定了p与π的比值为一些简单的数值，并称该比值为模数，用m表示，其单位为mm。其值已经标准化。故可以得到$d=mz$。

（9）分度圆压力角（α）。任意圆周上齿廓接触点的压力角$\alpha_K=\arccos(r_p/r_K)$。分度圆上的压力角简称压力角，用$\alpha$表示。国家标准（GB 1356—1988）中规定分度圆压力角的标准值为$\alpha=20°$。

（10）齿顶高（h_a）。分度圆把轮齿分为两部分，介于分度圆与齿顶圆之间的部分称为齿顶，轮齿在分度圆和齿顶圆之间的径向高度称为齿顶高。

（11）齿根高（h_f）。介于分度圆与齿根圆之间的部分称为齿根，其径向高度称为齿根高。

（12）齿全高（h）。齿顶圆与齿根圆之间的径向高度称为齿全高，有$h=h_a+h_f$。国家标准采用模数制齿轮，以模数为基础，齿轮的齿顶高和齿根高分别规定为$h_a=h_a^*m$，$h_f=(h_a^*+c^*)m$。在上式中，h_a^*称为齿顶高系数，c^*称为顶隙系数。国家标准（GB 1356—1988）规定了模数$m\geq$1mm时，齿顶高系数与顶隙系数的标准值为$h_a^*=1$，$c^*=0.25$。

（13）齿宽（b）。轮齿沿齿轮轴线方向的宽度。

齿数z、模数m、压力角α、齿顶高系数h_a^*、顶隙系数c^*为齿轮的五大基本参数，它们的值决定了齿轮的主要几何尺寸及齿廓形状。

2. 标准齿轮

满足下述两个条件的齿轮为标准齿轮，否则即为非标准齿轮。

（1）分度圆上的齿厚与齿槽宽相等，即$s=e$。

（2）模数m、压力角α、齿顶高系数h_a^*、顶隙系数c^*均为标准值。

四、实验步骤

1. 确定齿轮齿数z

齿数z从被测齿轮上直接数出。

2. 确定模数m和分度圆压力角α

在如图5-10所示中，由渐开线性质可知，齿廓间的公法线长度$\overline{AB}$与所对应的基圆弧长$\overline{A_0B_0}$相等。根据这一性质，用公法线千分尺跨过n个齿，测得齿廓间公法线长度为W_n'，

然后再跨过 $(n+1)$ 个齿测得其长度为 W'_{n+1}。

$$W'_n = (n-1)p_b + s_b$$
$$W'_{n+1} = np_b + s_b \tag{5-2}$$
$$p_b = W'_{n+1} - W'_n \tag{5-3}$$

式中，p_b 为基圆齿距，$p_b = \pi m \cos\alpha$，与齿轮变位与否无关；s_b 为实测基圆齿厚，与变位量有关。

由此可见，测定公法线长度 W'_n 和 W'_{n+1} 后就可求出基圆齿距 p_b，实测基圆齿厚 s_b，进而可确定出齿轮的压力角 α、模数 m 和变位系数 x。因此，齿轮基本参数测定中的关键环节是准确测定公法线长度。

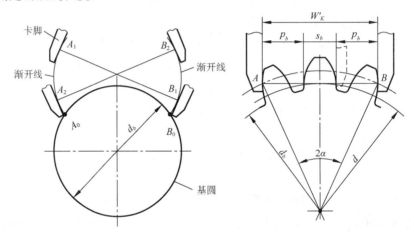

图 5-10 公法线长度测量

（1）测定公法线长度 W'_n 和 W'_{n+1}。

根据被测齿轮的齿数 z，按式（5-4）计算跨齿数，即

$$n = \frac{\alpha}{180°}z + 0.5 \tag{5-4}$$

式中

　　α —— 压力角；

　　z —— 被测齿轮的齿数。

我国采用模数制齿轮，其分度圆标准压力角是 20° 和 15°。若压力角为 20°，可直接参照表 5-1 确定跨齿数 n。

表 5-1　模数制齿轮跨齿数参考表

z	12~18	19~27	28~36	37~45	46~54	55~63	64~72	73~81	82~90
n	2	3	4	5	6	7	8	9	10

公法线长度测量按如图 5-10 所示的方法进行，首先测出跨 n 个齿时的公法线长度 W'_n。测定时应注意使千分尺的卡脚与齿廓工作段中部（齿轮两个渐开线齿面分度圆）附近相切。为减少测量误差，W'_n 值应在齿轮一周的三个均分位置各测量一次，取其平均值。

按同样方法量出跨测 $(n+1)$ 个齿时的公法线长度 W'_{n+1}。

(2) 确定基圆齿距 p_b，实际基圆齿厚 s_b。

$$p_b = W'_{n+1} - W'_n \tag{5-5}$$

$$s_b = W'_n - (n-1)p_b \tag{5-6}$$

(3) 确定模数 m 和压力角 α。

根据求得的基圆齿距 p_b，可按式（5-7）计算出模数，即

$$m = p_b / (\pi \cos\alpha) \tag{5-7}$$

在式（5-7）中，α 可能是 15°，也可能是 20°，故分别用 α =15°和 α =20°代入计算出两个相应模数，取数值接近于标准模数的一组 m 和 α，即被测齿轮的模数 m 和压力角 α。

3. 测定齿顶圆直径 d_a 和齿根圆直径 d_f 及计算全齿高 h

为减小测量误差，同一数值在不同位置上测量三次，然后取其算术平均值。

当齿数为偶数时，d_a 和 d_f 可用游标卡尺直接测量，如图 5-11 所示。

当齿数为奇数时，直接测量得不到 d_a 和 d_f 的真实值，而必须采用间接测量方法，如图 5-12 所示，先量出齿轮安装孔值径 D，再分别量出孔壁到某一齿顶的距离 H_1 和孔壁到某一齿根的距离 H_2。则 d_a 和 d_f 可按式（5-8）求出，即

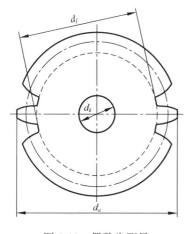

图 5-11　偶数齿测量

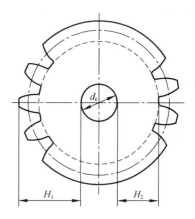

图 5-12　奇数齿测量

齿顶圆直径 d_a 为

$$d_a = D + 2H_1 \tag{5-8}$$

齿根圆直径 d_f 为

$$d_f = D + 2H_2 \tag{5-9}$$

计算全齿高 h

奇数齿全齿高 h 为

$$h = H_1 - H_2 \tag{5-10}$$

偶数齿全齿高 h 为

$$h = \frac{1}{2}(d_a - d_f) \tag{5-11}$$

4. 确定变位系数 x

与标准齿轮相比，变位齿轮的齿厚发生了变化，所以它的公法线长度与标准齿轮的公法线长度也就不相等。两者之差就是公法线长度的增量，增量等于 $2xm\sin\alpha$。

若实测得齿轮的公法线长度 W_n'，标准齿轮的理论公法线长度为 W_n（可从机械零件设计手册中查得），则变位系数按下式求出，即

$$x = \frac{W_n' - W_n}{2m\sin\alpha} \tag{5-12}$$

5. 确定 h_a^* 和 c^*

有理论可知，计算所得的 h 值中包含有（h_a^*、c^*），而全齿高的计算公式为

$$h = \left(2h_a^* + c^*\right)m \tag{5-13}$$

由实测可得 h，m，x，且 h_a^* 和 c^* 为标准值。

注：正常齿 $h_a^*=1$，$c^*=0.25$；短齿 $h_a^*=0.8$，$c^*=0.3$。

五、实验报告

1. 原始数据记录表格

项目	符号	单位	齿轮编号 No:				齿轮编号 No:			
			测量数据			平均测量值	测量数据			平均测量值
			1	2	3		1	2	3	
齿数	z									
跨齿数	n									
公法线长度	W_n'									
公法线长度	W_{n+1}'									
孔壁到齿顶距	H_1									
孔壁到齿根距	H_2									
孔内径	D									
齿顶圆直径	d_a									
齿根圆直径	d_f									
全齿高	h									

2. 齿轮基本几何参数计算表格

项目	符号	单位	计算公式	计算结果	
				No:	No:
模数	m				
压力角	α				
基圆齿距	p_b				
基圆齿厚	s_b				
变位系数	x				

续表

项目	符号	单位	计算公式	计算结果	
				No:	No:
齿顶圆直径	d_a				
齿根直径	d_f				
全齿高	h				

六、思考题

（1）决定齿廓形状的基本参数有哪些？

（2）测量公法线长度时，卡尺的卡脚若放在渐开线齿廓的不同位置上，对所测定的公法线长度 W_n' 和 W_{n+1}' 有无影响？为什么？

（3）在测量顶圆直径 d_a 和根圆直径 d_f 时，对偶数齿和奇数齿的齿数的齿轮在测量方法上有什么不同？

5.4 转子动平衡实验

机械在运转时,构件所产生的不平衡惯性力将在运动副中引起附加的动压力。这不仅会增大运动副中的摩擦和构件中的内应力,降低机械效率和使用寿命,而且由于这些惯性力的大小和方向一般都是周期性变化的,所以必将引起机械及其基础产生强迫振动。如果其振幅较大,或其频率接近于机械的共振频率,则将引起及其不良的后果。不仅会影响到机械本身的正常工作和使用寿命,而且还会使附近的工作机械及厂房建筑受到影响甚至破坏。

机械平衡的目的就是设法将构件的不平衡惯性力加以平衡以消除或减小惯性力的不良影响。由此可知,机械的平衡是现代机械的一个重要问题,尤其在高速机械及精密机械中,更具有特别重要的意义。

一、实验目的

(1) 加深对转子动平衡概念的理解。
(2) 掌握刚性转子动平衡试验的原理及方法。

二、实验仪器和工具

(1) 动平衡试验台。
(2) 转子试件。
(3) 平衡块。
(4) 百分表为 0~10mm。

三、实验原理

图 5-13 所示为动平衡实验机结构图。待平衡的转子试件 1 安放在框形摆架的支承滚轮上,摆架的左端与工字形板簧 3 固结,右端呈悬臂,电动机 4 通过皮带带动试件旋转,当试件有不平衡质量存在时,则产生的离心惯性力将使摆架绕工字形板簧做上下周期性的微幅振动,通过百分表 5 可观察振幅的大小。

试件的不平衡质量的大小和相位可通过安装在摆架右端的测量系统获得。这个测量系统由补偿盘 6 和差速器 7 组成。差速器的左端为转动输入端(n_1)通过柔性联轴器与试件连接,右端为输出端(n_3)与补偿盘连接。

差速器由齿数和模数相同的三个圆锥齿轮与一个蜗轮(转臂 H)组成。当转臂蜗轮不转动时 $n_3 = -n_1$,即补偿盘的转速 n_3 与试件的转速 n_1 大小相等转向相反;当通过手柄摇动蜗杆 8 从而带动蜗轮以 n_H 转动时,可得出 $n_3 = 2n_H - n_1$,即 $n_3 \neq -n_1$,所以摇动蜗杆可改变补偿盘与试件之间的相对角位移。

图 5-14 所示为动平衡机工作原理图,试件转动后不平衡质量产生的离心惯性力 $F = \omega^2 mr$,它可分解为垂直分力 F_y 和水平分力 F_x,由于平衡机的工字形板簧在水平方向(绕 y 轴)的抗弯刚度很大,所以水平分力 F_x 对摆架的振动影响很小,可忽略不计。而在

垂直方向（绕 x 轴）的抗弯刚度小，因此，在垂直分力产生的力矩 $M = F_y l = \omega^2 mrl\sin\phi$ 的作用下，摆架产生周期性上下振动。

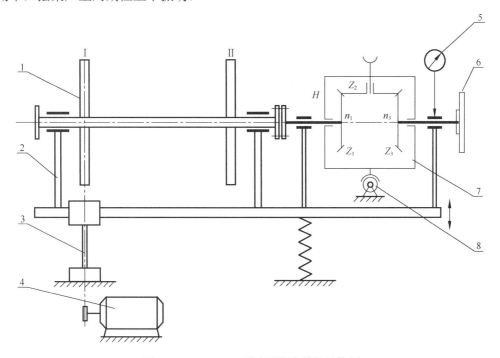

图 5-13　CS-DP-10 型动平衡实验机结构图

1—转子试件；2—摆架；3—工字形板簧；4—电动机；5—百分表；6—补偿盘；7—差速器；8—蜗杆

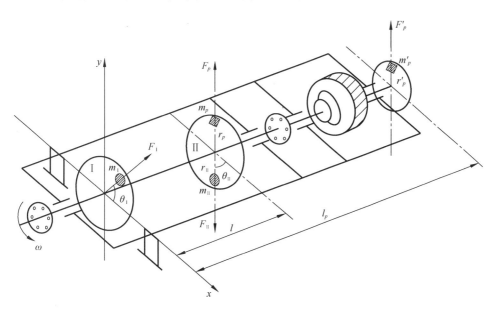

图 5-14　动平衡机工作原理

由动平衡原理可知，任一转子上诸多不平衡质量，都可以用分别处于两个任选平面Ⅰ、Ⅱ内，回转半径分别为 $r_Ⅰ$、$r_Ⅱ$，相位角分别为 θ_1、θ_2 的两个不平衡质量来等效。只要这两个不平衡质量得到平衡，则该转子即达到动平衡。找出这两个不平衡质量并相应的加上平衡质量（或减去不平衡质量）就是本试验要解决的问题。

设试件在圆盘Ⅰ、Ⅱ各等效着一个不平衡质量 $m_Ⅰ$ 和 $m_Ⅱ$，对 x 轴产生的惯性力矩为

$$M_Ⅰ = 0$$
$$M_Ⅱ = \omega^2 m_Ⅱ r_Ⅱ l \sin(\theta_Ⅱ + \omega t) \tag{5-14}$$

摆架振幅 y 大小与力矩 $M_Ⅱ$ 的最大值成正比 $y \propto \omega^2 m_Ⅱ r_Ⅱ l$；而不平衡质量 $m_Ⅰ$ 产生的惯性力及皮带对转子的作用力均通过 x 轴，所以不影响摆架的振动，因此，可以分别平衡圆盘Ⅱ和圆盘Ⅰ。

四、实验步骤

（1）用补偿盘作为平衡平面，通过加平衡质量和利用差速器改变补偿盘与试件转子的相对角度，来平衡圆盘Ⅱ上的离心惯性力，从而实现摆架的平衡。

（2）然后，将补偿盘上的平衡质量转移到圆盘Ⅱ上，再实现转子的平衡。具体操作如下。

在补偿盘上带刻度的沟槽端部加一适当的质量，在试件旋转的状态下摇动蜗杆手柄使蜗轮转动（正转或反转），从而改变补偿盘与试件转子的相对角度，观察百分表振动使其达到最小，停止转动手柄。

摇动手柄要讲究方法：蜗杆安装在机架上，蜗轮安装在摆架上，两者之间有很大间隙。蜗杆转动一定角度后，稍微反转一下，脱离与蜗轮接触，这样才能使摆架自由振动，这时观察振幅。通过间歇性地使蜗轮向前转动和观察振幅变化，最终可找到振幅最小的位置。

停机后在沟槽内再加一些平衡质量，再开机左右转动手柄，如振幅已很小（百分表摆动±1~2格）可认为摆架已达到平衡。也可将最后加在沟槽内的平衡质量的位置沿半径方向做一定调整，来减小振幅。

（3）将最后调整到最小振幅的手柄位置保持不动，停机后用手转动试件使补偿盘上的平衡质量转到最高位置。由惯性力矩平衡条件可知，圆盘Ⅱ上的不平衡质量 $m_Ⅱ$ 必在圆盘Ⅱ的最低位置。

（4）再将补偿盘上的平衡质量 m'_p 按力矩等效的原则转换为位于圆盘Ⅱ上最高位置的平衡质量 m_p，即可实现试件转子的平衡。根据等效条件有

$$m_p r_p l = m'_p r'_p l_p$$
$$m_p = m'_p \frac{r'_p l_p}{r_p l} \tag{5-15}$$

式（5-15）中各半径和长度含义如图5-14所示，其中 r_p = 70 mm，l = 210 mm，l_p = 550 mm。而 r'_p 由补偿盘沟槽上的刻度读出。补偿盘上若有多个平衡质量，且装加半径不同，可将每一平衡质量分别等效后求和。

（5）在平衡了圆盘Ⅱ后，将试件转子从平衡机上取下，重新安装成以圆盘Ⅱ为驱动轮，再按上述方法求出圆盘Ⅰ上的平衡质量，整个平衡工作才算完成。

（6）平衡后的理想情况是不再振动，但实际上总会残留较小的残余不平衡质量 m'。通过对平衡后转子的残留振动振幅 y' 测量，可近似计算残余不平衡质量 m'。残余不平衡质量

的大小在一定程度上反映了平衡精度。残余不平衡质量可由式（5-16）求出，即

$$m' = \frac{y'}{y_0} \times 平衡质量 \qquad (5\text{-}16)$$

五、思考题

（1）哪些类型的试件需要进行动平衡实验？实验的理论依据是什么？试件经动平衡后是否还要进行静平衡，为什么？

（2）为什么偏重太大需要进行静平衡？

（3）指出影响平衡精度的一些因素。

5.5 机组运转及飞轮调节实验

作用在机械上的驱动力矩和阻抗力矩在稳定运转状态下往往是原动件转角的周期性函数。其等效驱动力矩和阻抗力矩必然也是等效构件转角的周期性函数。

在某一运转时段内,其等效驱动力矩大于阻抗力矩,因而机械的驱动功大于阻抗功(多余部分称为盈功)。在这一段运动过程中,等效构件的角速度由于动能的增加而上升;反之,某一运转时段内,其等效驱动力矩小于阻抗力矩,因为机械的驱动功小于阻抗功(小于部分称为亏功)。在该运动过程中,等效构件的角速度由于动能的减小而下降。经过等效力矩与等效转动惯量变化的一个公共周期,机械的动能又恢复到原来的值,因为等效构件的角速度也将恢复到原来的数值。由此可知,等效构件的角速度在稳定运转过程中将呈现周期性波动。

机械运转的速度波动对机械的工作是不利的,它不仅将影响机械的工作质量,而且会影响到机械的效率和寿命,所以必须设法加以控制和调节,将其限制在许可的范围之内。

一、实验目的

(1) 理解机组稳定运转时速度出现周期性波动的原因。
(2) 了解机器周期性速度波动的调节方法和设计指标。
(3) 了解掌握飞轮设计方法。
(4) 能够熟练利用实验数据计算飞轮的等效转动惯量。

二、实验仪器

(1) DS-Ⅱ型飞轮实验台。

图 5-15 所示为 DS-Ⅱ型飞轮实验台系统,主要包括 0～0.7MPa 小型空气压缩机组、主轴同步脉冲信号传感器和半导体压力传感器等。

(2) DS-Ⅱ动力学实验仪。

图 5-16 所示为 DS-Ⅱ动力学实验仪面板,主要包括实验数据采集控制器。

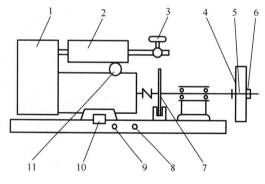

图 5-15 DS-Ⅱ型飞轮实验台系统

1—电动机;2—储气罐;3—出口阀门;4—飞轮;5—平键;
6—固定螺母;7—分度盘;8—脉冲传感器输出接口;
9—压力传感器输出接口;10—电源控制开关;11—压力表

图 5-16 DS-Ⅱ型动力学实验仪面板

(3) 计算机及相关实验软件。

三、实验原理

DS-Ⅱ型动力学实验台由空压机组、飞轮、传动轴、机座、压力传感器、主轴同步脉冲信号传感器等组成。压力传感器已经安装在空压机的压缩腔内，9 为其输出接口。同步脉冲发生器的分度盘 7（光栅盘）固装在空压机的主轴上，与主轴曲柄位置保持一个固定的同步关系，同步脉冲传感器的输出口为 8。按下电源控制开关 10，启动空压机组的电动机 1，改变储气罐压缩空气出口阀门 3 的大小，就可以改变储气罐 2 中的空气压强，因而也就改变了机组的负载，压强值可以从储气罐上的压力表 11 上直接读出。根据实验要求，飞轮 4 可以随时从传动轴上拆下或装上，拆下时注意保管好轴上的平键 5，在安装飞轮时应注意放入平键，并且将轴端面固定螺母 6 拧紧。

飞轮设计的基本问题是根据机器实际所需的平均速度 ω_m 和许可的不均匀系数 δ 来确定飞轮的转动惯量 J。当设计飞轮时，因为研究的范围是在稳定运动时期的任一个运动循环内，我们假定在循环开始和循环结束时系统的状态是一样的，对回转机械来说，也就是在循环开始和结束时它们的速度是一样的，这时驱动力提供的能量全部用来克服工作阻力（不计摩擦等阻力）所做的功，在这样的前提下，我们就可以用盈亏功的方法来计算机械系统所需要的飞轮惯量。具体地来说，计算一个运动周期中驱动力矩所做的盈功和阻力矩所做的亏功，最大盈功和最小亏功的差就是系统的最大能量变化，用这个能量变化就可以计算机械系统所需要的飞轮惯量。

四、实验步骤

（1）连接各仪器间的连线，确保通信成功。
（2）分别打开计算机电源、实验台电源和实验仪电源。
（3）启动计算机相关教学软件，并进行必要的设置。
（4）拆卸飞轮，打开仪器，调节压力，标定系统。注意实验仪要复位，调整空气压力为 0.3MPa。
（5）进行实验，采集数据，计算分析，记录数据。
（6）安装飞轮，进行实验，采集数据，计算分析，记录数据。

图 5-17 所示为计算机软件设置操作流程。

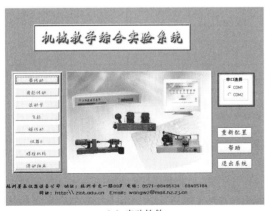

(a) 启动软件

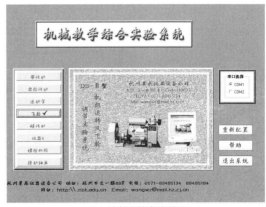

(b) 选择飞轮实验项目

图 5-17　计算机软件设置操作流程

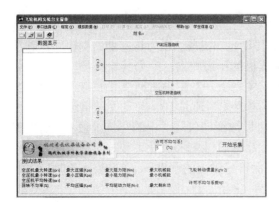
(c)打开飞轮实验项目

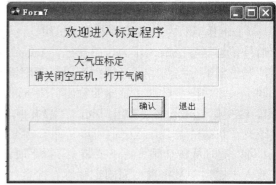
(d)标定系统

(e)输入标定压力

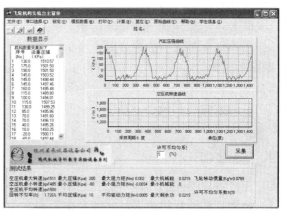
(f)采集数据

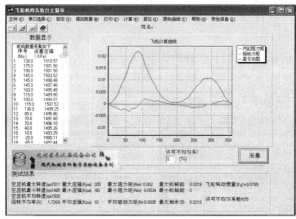
(g)计算分析数据

图 5-17　计算机软件设置操作流程（续）

五、注意事项

（1）该实验系统中，飞轮旋转速度高，因此，一定不要让毛衣或头发等易于缠绕的物体靠近飞轮，以免产生危险。

（2）实验之前，一定要多复位系统几次，以免测量数据不准确。

（3）标定系统时，压力一般调整为 0.3MPa，不要压力太大，以免产生危险。

（4）在一次实验中（拆卸飞轮、安装飞轮各一次），只需要标定系统一次。

（5）安装飞轮时，传动轴尾部固定螺母一定要拧紧，以免实验过程中飞轮飞出，产生危险。

六、思考题

（1）空压机在稳定运转时，为什么有周期性速度波动？

（2）随着工作载荷的不断增加，速度波动会出现什么变化？为什么？

（3）加飞轮与不加飞轮相比，速度波动有什么变化？为什么？汽缸压强又有什么变化？为什么？

5.6 螺栓连接综合实验

螺栓连接是广泛应用于各种机械设备中的一种重要连接形式。螺纹有外螺纹和内螺纹之分,它们共同组成螺旋副。起连接作用的螺纹称为连接螺纹;起传动作用的螺纹称为传动螺纹。螺纹根据其母体形状可分为圆柱螺纹和圆锥螺纹两类,圆锥螺纹主要用于管连接,圆柱螺纹用于一般连接和传动。

一、实验目的

(1) 了解螺栓连接在拧紧过程中各部分的受力情况。
(2) 计算螺栓相对刚度,并绘制螺栓连接的受力变形图。
(3) 验证受轴向工作载荷时,预紧螺栓连接的变形规律及对螺栓总拉力的影响。
(4) 通过螺栓的动载实验,改变螺栓连接的相对刚度,观察螺栓动应力幅值的变化,以验证提高螺栓连接强度的各项措施。

二、实验设备

1. 单螺栓连接实验台

单螺柱连接实验装置结构如图 5-18 所示。

(1) 连接部分包括 M16 空心螺栓、空心大螺母和垫片组。空心螺栓贴有侧拉力和扭矩的两组应变片,分别测量螺栓在拧紧时所受预紧拉力和扭矩。空心螺栓的内孔中装有双头螺柱,拧紧或松开其上的小螺母即可改变空心螺栓的实际受载界面积,以达到改变连接件刚度的目的。

(2) 连接件部分有上板、下板和八角环组成,八角环上贴有应变片组,测量被连接件受力的大小,中部有锥形孔,插入或拔出锥塞即可改变八角环的受力,以改变被连接件系统的刚度。

(3) 加载部分由蜗轮、蜗杆、挺杆和弹簧组成,挺杆上贴有应变片,用以测量所加工作载荷和大小,蜗杆一端与电机相连,另一端装有手轮,启动电动机或转动手轮使挺杆上升或下降,以达到加载、卸载(改变工作载荷)的目的。

2. YJ-25 静态电阻应变仪

实验台各被测件的应变量用电阻应变仪测量,通过标定或计算机可换算出各部分的大小。应变仪采用了包含测量桥和读数桥的双桥结构。各测点均采用箔式电阻应变片,其阻值为 120Ω,灵敏系数 $k=2.20$。

三、实验原理

受预紧力和轴向工作载荷的螺栓连接中,螺栓受到的总拉力 F_0 除了与预紧力 F' 和工作载荷 F 有关外,还受到螺栓刚度 C_1 和被连接件刚度 C_2 等因素的影响。图 5-19 所示为螺栓和被连接件的受力与变形情况。

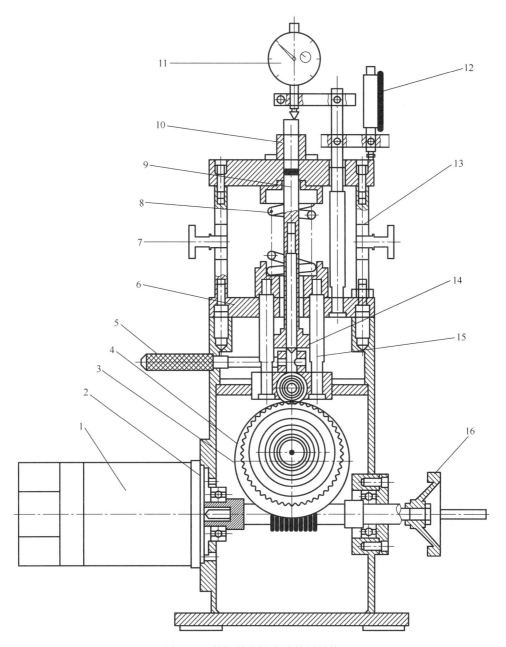

图 5-18 单螺栓连接实验装置结构

1—电动机；2—蜗杆；3—偏心轮；4—蜗轮；5—空心螺栓内螺栓拧紧手柄；6—中间板；7—锥销；
8—施力弹簧；9—空心螺栓；10—空心大螺母；11—千分表（1）（测空心螺栓）；12—千分表（2）；
13—八角环；14—空心螺栓内螺杆（止动螺栓）；15—挺杆；16—手轮

图 5-19（a）所示为螺栓刚好拧到与被连接件相接触的的状态，此时螺栓和被连接件均未受力，因而无变形发生。

图 5-19（b）所示为螺母已拧紧，但连接未受工作载荷的状态，此时螺栓受预紧力 F' 的拉伸作用，其伸长量为 δ_1；而被连接件则在力 F' 的作用下被压缩，其压缩量为 δ_2。

图 5-19（c）所示为连接承受工作载荷 F 时的情况，此时螺栓所受的拉力由 F' 增大至 F_0（螺栓的总拉力），螺栓的伸长量由 δ_1 增大至 $\delta_1+\Delta\delta_1$；与此同时，被连接件则因螺栓伸长而被放松，其压缩变形减少了 $\Delta\delta_2$，减小到 δ_2''（$\delta_2''=\delta_2-\Delta\delta_2$，$\delta_2''$ 为剩余变形量）；被连接件的压力由 F' 减少至 F''（剩余预紧力）。根据连接的变形协调条件，压缩变形的减少量 $\Delta\delta_2$ 应等于螺栓拉伸变形的增加量 $\Delta\delta_1$，即 $\Delta\delta_1=\Delta\delta_2$。

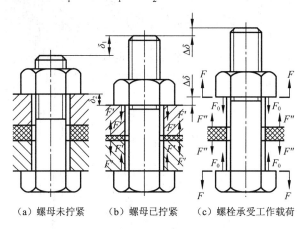

(a) 螺母未拧紧　　(b) 螺母已拧紧　　(c) 螺栓承受工作载荷

图 5-19　螺栓和被连接件受力与变形情况

由图 5-20 可知，螺栓总拉力 F_0 并不等于预紧力 F_p 与工作拉力 F 之和，而等于残余预紧力 F_p' 与工作拉力 F 之和，即

$$F_0=F_p'+F \text{ 或 } F_0=F_p+\Delta F \tag{5-17}$$

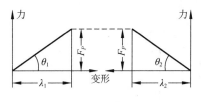 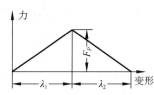 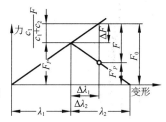

图 5-20　受力与变形关系线图

根据刚度定义

$$C_1=F_p/\lambda_1$$
$$C_2=F_p/\lambda_2 \tag{5-18}$$

由图 5-20 中几何关系可得

$$\Delta F=C_1F/(C_1+C_2) \tag{5-19}$$

因此，螺栓总拉力为

$$F=F_p+C_1F/(C_1+C_2) \tag{5-20}$$

式中，$C_1/(C_1+C_2)$ 为螺栓的相对刚度系数。此时螺栓预紧力为

$$F_p=F_p'+C_2F/(C_1+C_2) \tag{5-21}$$

为了保证连接的紧密性，根据连接的工作性质可取残余预紧力 $F_p'=(0.2\sim1.8)F$。

对于承受轴向变载荷的紧螺栓连接，在最小应力不变的条件下，应力幅越小，则螺栓越不容易发生疲劳破坏，连接的可靠性越高。当螺栓所受的工作拉力在 $0 \sim F$ 之间变化时，则螺栓总拉力将在 $F_p \sim F_0$ 之间变动。由 $F = F_p + C_1 F / (C_1 + C_2)$ 可知，在保持预紧力 F_p 不变的条件下，若减小螺栓刚度 C_1 或增大连接件刚度 C_2 都可以达到减小总拉力 F_0 的变化范围，即减小应力幅 σ_a 之目的。因此，在实际承受动载荷的紧螺栓连接中，宜采用柔性螺栓（减小 C_1）和在被连接件之间使用硬垫片（增大 C_2）。图 5-21 所示为被连接件间使用不同垫片时对螺栓总拉力 F_0 的变化影响。

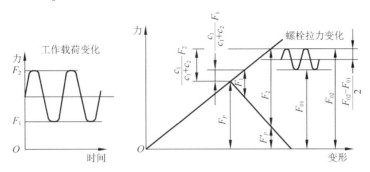

图 5-21 被连接件间使用不同垫片时对螺栓总拉力 F_0 的变化影响

四、实验步骤

1. 接线

按各测点连线找到应变仪上对应点，并转动转换开关至相应测点，用螺丝刀调节电阻平衡电位器，使各测点的应变显示数字为零。

2. 调零

取出八角环上两锥塞，转动手轮（单方向），使挺杆降下，处于卸载位置，手拧大螺母至刚好与垫片组接触，（预紧初始值）螺栓不能有松动的感觉。千分表调零，并保证千分表长指针有一圈的压缩量。

3. 施加预紧力

用测力扳手预紧大螺母，当扳手力矩为 $30\mathrm{N\cdot m}$ 时，达到预紧力。此时转动静态应变仪的转换开关，测量各测点的应变值和千分表读数，记录数据、计算。

4. 加载

转动手轮（单方向），使挺杆上升 10mm 的高度，再次测量各测点的应变值和千分表读数，记录数据。

5. 计算分析

根据千分表的读数求出螺栓的变形变化量 $\Delta\delta_1$ 和被连接件的变形变化量 $\Delta\delta_2$，用八角环的应变量求剩余预紧力 Q'_p，由挺杆应变值求出工作载荷 F，由螺栓应变值求出总拉力 Q，并绘制在变形图上，用以验证螺栓受轴向载荷作用时符合变形协调规律，以及验证螺栓上

总拉力 Q 与剩余预紧力 Q'_P 和工作载荷 F 之间的关系。

五、实验报告

1. 数据记录表格

项目 \ 测点		螺栓（拉）	螺栓（扭）	八角环（压）	挺杆（压）
标定系数 $\mu_{标}$					
应变值 μ_ε	加载前				
	加载后				$\varepsilon_{杆}$
力 N	加载前	Q_P		Q_P	
	加载后	Q		Q'_P	F
千分表读数 δ	加载前	Q'_P		δ_2	
	加载后	δ'_1		δ'_2	F

2. 绘制螺栓连接变形图

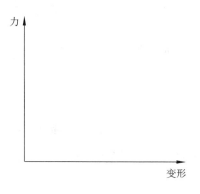

六、思考题

（1）在拧紧螺母时，拧紧力矩要克服那些摩擦力？此时螺栓和被连接件各受怎样的载荷？

（2）拧紧后又加工作载荷的螺栓连接中，螺栓所受总拉力是否等于预紧力加工作载荷？应该怎样确定？

（3）从实验中可以总结出哪些提高螺栓连接强度的措施？

5.7 带传动实验

带传动是一种挠性传动。带传动的基本组成零件为带轮(主动带轮和从动带轮)和传动带。当主动带轮转动时,利用带轮和传动带间的摩擦或啮合作用,将运动和动力通过传动带传递给从动带轮。带传动具有结构简单、传动平稳、价格低廉和缓冲吸振等特点,在近代机械中应用广泛。

一、实验目的

(1) 通过本实验,掌握带传动的基本原理,对有关带的弹性滑动和打滑等重要物理现象有清晰认识。
(2) 观察分析并验证预紧力对带的工作能力的影响。
(3) 了解转速、转差速及扭矩的测量原理与方法。
(4) 绘制带的滑动曲线及传动效率曲线。

二、实验仪器

(1) DCS-II型带传动实验台。

图 5-22 所示为 DCS-II 型带传动实验台,其中主要包括主动直流电动机、主动带轮、从动直流电动机、从动带轮、砝码等。

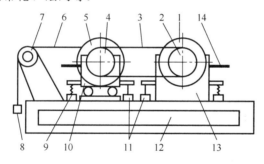

图 5-22 实验台机械结构

1—从动直流电动机;2—从动带轮;3—传动带;4—主动带轮;5—主动直流电动机;6—牵引绳;
7—滑轮;8—砝码;9—拉簧;10—浮动支座;11—拉力传感器;12—电测箱;13—固定支架;14—标定杆

(2) DCS-II型带传动实验仪。
(3) 砝码。
(4) 计算机及相关实验软件。

三、实验原理

1. 带传动的分析

预拉力促使带与轮之间具有一定的摩擦力,使得轮子转动时带动皮带传动。两皮带轮静止时,带各处的拉力都等于预紧力 F_0。传动时,由于带与轮子表面间摩擦力的作用,带两边出现拉力差异,绕进主动轮和绕出主动轮的一边的拉力从 F_0 增大到 F_1,绕出主动轮和绕进被动轮的一边的拉力由 F_0 减小到 F_2，F_1 作用的边称为紧边，F_2 作用的边称为松边。设环形带的总长度不变，则紧边的拉力的增量 F_1-F_0 应等于松边拉力的减小量 F_0-F_2。F_0 与 F_1 和 F_2 的关系见式（5-22）。

$$F_0 = \frac{F_1 + F_2}{2} \tag{5-22}$$

紧边与松边之差称为带传动的有效拉力，即圆周力为

$$F = F_1 - F_2 \tag{5-23}$$

2. 带传动时弹性滑动与打滑

传动带在受到拉力作用时会发生弹性变形。在小带轮上，带的拉力从紧边拉力 F_1 逐渐降低到松边拉力 F_2，带的弹性变形量逐渐减少，因此，带相对于小带轮向后退缩，使得带的速度低于小带轮的线速度 v_1；在大带轮上，带的拉力从松边拉力 F_2 逐渐上升到紧边拉力 F_1，带的弹性变形量逐渐增加，带相对于大带轮向前伸长，使得带的速度高于大带轮的线速度 v_2。这种由于带的弹性变形而引起的带与带轮间的微量滑动，称为带传动的弹性滑动。因为带传动总有紧边和松边，所以弹性滑动也总是存在的，是无法避免的。

滑动率由于弹性滑动不可避免，所以从动轮的圆周速度小于主动轮的圆周速度，在带传动时，由带的滑动引起的被动轮速度的降低率称为滑动率 ε，即

$$\varepsilon = \frac{v_1 - v_2}{v_1} = \frac{d_1 n_1 - d_2 n_2}{d_1 n_1} \tag{5-24}$$

式中，v_1、v_2 为主、被动轮轮缘的线速度；n_1、n_2 为主、被动轮的转速；d_1、d_2 为主、被动轮的直径。

若 $d_1 = d_2$，则式（5-24）为

$$\varepsilon = \frac{n_1 - n_2}{n_1} \tag{5-25}$$

在一般带传动中，滑动率不大，一般取值为 1%～2%。

根据实验研究结果，带的弹性滑动只发生在全部包角的某一段的接触弧上，随着有效圆周力的增加，弹性滑动的区段也逐渐增大，当它扩大至整个包角对应的接触弧时，带传动的有效圆周力也达到最大极限 F_{ec}，如果载荷进一步增大，带与带轮间就发生显著的相对滑动，即产生打滑。打滑将使皮带磨损加剧，被动轮转速急剧降低，甚至使传动失效，这种情况应当避免。

但是，当代传动所传递的功率突然增大而超过设计功率时，这种打滑却可以起到过载保护的作用。

四、实验步骤

（1）连接各仪器间的连线，确保通信成功。

（2）分别打开计算机电源、实验台电源和实验仪电源。

（3）启动计算机相关教学软件，并进行必要的设置。

（4）根据带的类型施加一个初实验力 F_0。

（5）使实验仪复位，然后调整实验台转速到规定值（本实验建议预定转速为 1200～1300r/min）。

（6）记录数据，单击实验仪加载按键。

（7）重新调整微调旋钮使转速达到规定值，稳定之后记录数据。

（8）重复步骤（6）～（7），直至实验仪上 8 个加载灯全部亮起，屏幕全部显示"日"为止。

（9）改变初实验力大小，然后重新实验，记录数据。

（10）根据实验结果，画出带传动滑动曲线 $\varepsilon - T_2$ 及效率曲线 $\eta - T_2$。

图 5-23 所示为计算机软件设置操作流程。

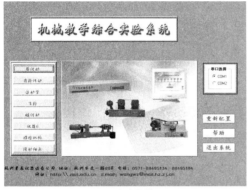

(a) 启动软件

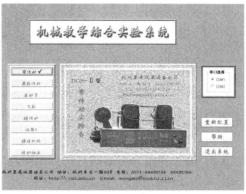

(b) 选择带传动实验项目

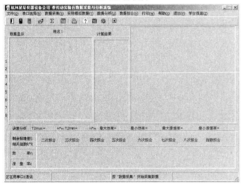

(c) 打开带传动实验项目

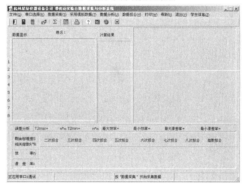

(d) 数据采集界面

(e) 采集数据

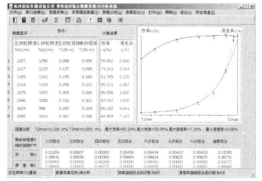

(f) 计算分析数据

图 5-23　计算机软件设置操作流程

五、注意事项

(1) 打开电源之前和关闭电源之前,必须首先将微调开关沿逆时针旋转到底,然后将粗调开关沿逆时针方向关闭。

(2) 施加初实验力时,开始不能施加力过大,以便使带过度拉伸,缩短带的寿命。

(3) 实验开始时,必须要清零或复位实验仪,不然容易导致数据不准确。

(4) 单击加载按键时,必须掌握力量和速度,不然容易导致按键不能正确操作。

(5) 进行多组实验时,可以根据第一遍实验结果适当调整初实验力,以观察带弹性活动和打滑时数据的区别。

六、思考题

(1) 主动轮圆周速度 v_1 与被动轮圆周速度 v_2 是否相同?原因是什么?

(2) 对于弹性滑动和打滑,其中哪些现象产生时带传动就不能正常工作?为什么?

(3) 带传动效率是否在打滑时最高?

(4) 增加初拉力后,对打滑有何影响?

5.8 齿轮传动效率测定

齿轮传动是机械传动中最重要的传动之一,形式很多,应用广泛,传递的功率可达数十万千瓦,圆周速度可达 200 m/s。齿轮传动的主要特点有效率高、结构紧凑、工作可靠、寿命长、传动比恒定等。因此,齿轮传动不但应用广泛,而且多用于重要的场合。

一、实验目的

(1) 通过本实验,了解封闭流式实验台结构,弄懂封闭加载原理。
(2) 通过本实验,了解齿轮传动效率的测定原理,掌握用封闭流式实验台测定齿轮传动效率的方法。
(3) 测定齿轮减速器的传动效率。

二、实验仪器

(1) CLS-Ⅱ型齿轮传动实验台。
(2) CLS-Ⅱ型齿轮传动实验仪。
(3) 砝码等。

三、实验原理

1. 仪器基本介绍

实验台的结构如图 5-24 所示,由定轴齿轮副、悬挂齿轮箱、扭力轴、双万向联轴器等组成一个封闭机械系统。

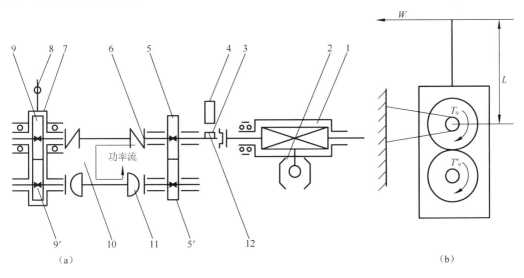

图 5-24 齿轮实验台结构简图

1—悬挂电动机;2—转矩传感器;3—浮动联轴器;4—霍耳传感器;5,5′—定轴齿轮副;6—刚性联轴器;
7—悬挂齿轮箱;8—砝码;9,9′—悬挂齿轮副;10—扭力轴;11—万向联轴器;12—永久磁钢电动机采用外壳悬挂结构，通过浮动联轴器和齿轮相连，与电动机悬臂相连的转矩传感器把电动机转矩信号送入实验台电测箱，在数码显示器上直接读出。电动机转速由霍耳传感器 4 测出，同时送往电测箱中显示。

图 5-25 所示为实验仪正面面板控制按钮及布置。其中输出转速和输出转矩为电动机输出转速和输出转矩，也是电动机对封闭流式齿轮传动系统的输入转速和输入转矩。

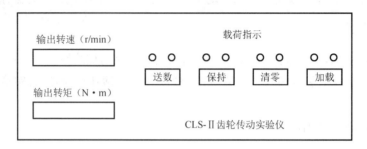

图 5-25　实验仪正面面板控制按钮及布置

2. 实验原理

本实验利用 CLS-Ⅱ型齿轮传动实验台，来测定齿轮传动效率。其中该实验台为小型台式封闭功率流式齿轮实验台，采用悬挂式齿轮箱不停机加载方式。

封闭功率流式齿轮实验台，主要是通过装置系统中的一个特殊部件——悬挂式齿轮箱来加载，用以获得为平衡此弹性件的变形而产生的内力矩（封闭力矩），运转时，这个内力矩相应做功而成为封闭功率，并在此封闭回路中按一定方向流动。

3. 效率计算

（1）封闭功率流方向的确定。

由图 5-24（b）可知，试验台空载时，悬挂齿轮箱的杠杆通常处于水平位置，当加上一定载荷之后（通常加载砝码是 0.5kg 以上），悬挂齿轮箱会产生一定角度的翻转，这时扭力轴将有一个力矩 T_9 作用于齿轮 9（其方向为顺时针），万向节轴也有一个力矩 T_9' 作用于齿轮 9'（其方向也为顺时针，如忽略摩擦，$T_9'=T_9$）。当电动机顺时针方向以角速度 ω 转动时，T_9 与 ω 的方向相同，T_9' 与 ω 方向相反，故这时齿轮 9 为主动轮，齿轮 9' 为从动轮，同理齿轮 5' 为主动轮，齿轮 5 为从动轮，封闭功率流方向如图 5-24（a）所示，其大小为

$$P_a = \frac{T_9 N_9}{9550} = P_9'(\text{kW}) \tag{5-26}$$

该功率的大小决定于加载力和扭力轴的转速，而不是决定于电动机。电动机提供的功率仅为封闭传动中损耗功率，即

$$P_1 = P_9 - P_9 \eta \tag{5-27}$$

故

$$\eta = \frac{P_9 - P_1}{P_9} = \frac{T_9 - T_1}{T_9} \tag{5-28}$$

单对齿轮时为

$$\eta = \sqrt{\frac{T_9 - T_1}{T_9}} \tag{5-29}$$

η 为总效率，若 η =95%，则电动机供给的能量，其值约为封闭功率值的 1/10，是一种节能高效的试验方法。

（2）封闭力矩 T_9 的确定。

由图 5-24（b）可以看出，悬挂齿轮箱杠杆加上载荷后，齿轮 9、齿轮 9′ 就会产生扭矩，其方向都是顺时针，对齿轮 9′ 中心取矩，得到封闭扭矩 T_9（本实验台 T_9 是所加载荷产生扭矩的 1/2），即

$$T_9 = \frac{WL}{2} \; (N \cdot m) \tag{5-30}$$

式中

　　W——所加砝码重力（N）；

　　L——加载杠杆长度 L=0.3m。

附：关于封闭功率流齿轮传动封闭力矩 T_9 的计算公式

① 一对外啮合齿轮的扭矩关系。

一对外啮合齿轮如图 5-26 所示，T_9'、T_9 为外加扭矩（作用于轴上）。其正确方向应如图上所示的方向，因为这是力平衡所必需的。由图可见，一对外啮合齿轮，其轴上的外加平衡扭矩应是同方向的。当轮齿啮合的齿侧面改为另一侧面时，如图 5-27 所示，两轴上扭矩也改方向，但结论仍然是两轮上的外加扭矩必须是同方向的。

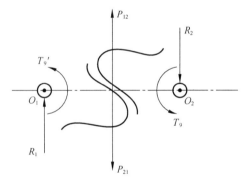

图 5-26　外啮合齿轮扭矩关系 1

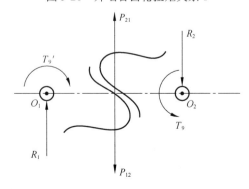

图 5-27　外啮合齿轮扭矩关系 2

当一对定轴外啮合齿轮转动时，其角速度 ω_1、ω_2 肯定是相反的。因此 $T_9'\omega_1$、$T_9'\omega_2$ 必然一正一负，这也正是一般所理解的一者为正功，一者为负功。

② 封闭实验台悬臂挂重的计量关系。

如图 5-28 所示，取试验台的浮动齿轮箱为独立体，其上除了悬臂挂重 W 以外，两扭轴断割处作用有扭矩 T_9'、T_9，由于本试验台传动比为 1，故 $T_9'=T_9=T$，根据独立体的平衡原理，外力对 O_1 取矩，得

$$T_9' + T_9 = 2T = WL \tag{5-31}$$

即

$$T = \frac{WL}{2} = T_9 = T_9' \tag{5-32}$$

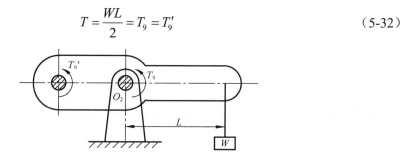

图 5-28 实验台悬臂挂重的计量关系

四、实验步骤

（1）连接各仪器间的连线，确保通信成功。

（2）分别打开计算机电源、实验台电源和实验仪电源。

（3）启动计算机相关教学软件，并进行必要的设置。

（4）实验仪复位，然后调整实验台转速到规定值（实验转速调到 300～800r/min 为宜）。

（5）记录数据，加载砝码，然后单击实验仪加载按键。

（6）重新调整电机调速旋钮使转速达到规定值，稳定之后记录数据。

（7）重复步骤（5）～步骤（6）步，直至实验仪上 8 个加载灯全部亮起，屏幕全部显示"日"为止。

（8）根据实验结果，画出齿轮传动效率 η-T_9 曲线及电动机输出转矩 T_1-T_9 的曲线。其中，齿轮传动效率曲线和电动机输出转矩曲线可参考图 5-29。

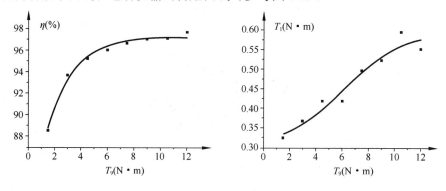

图 5-29 齿轮传动效率曲线和电动机输出转矩曲线参考

五、注意事项

（1）打开电源之前和关闭电源之前，必须首先将电机调速开关沿逆时针旋转到底。
（2）实验开始前，必须要清零或复位实验仪，不然容易导致数据不准确。
（3）单击加载按键时，必须掌握力量和速度，不然容易导致按键不能正确操作。

六、思考题

（1）什么是封闭实验原理？它对实验有何意义？
（2）确定封闭功率流方向有何意义？如何判定功率流方向？
（3）功率流方向和哪些因素有关？
（4）试分析转矩 T 和转速 n 对传动效率 η 的影响，并做出解释。

七、实验报告要求

（1）画出实验机的传动简图，根据电动机的实际旋转方向判定封闭功率流方向并画出功率流图。
（2）打印齿轮传递效率齿轮传动效率 $\eta - T_9$ 曲线及电动机输出转矩 $T_1 - T_9$ 的曲线和全部相关数据。并对数据进行分析。

5.9 液体动力润滑轴承油膜压力与摩擦测试实验

一、实验目的

（1）了解实验台的构造和工作原理，通过实验进一步了解液体动力润滑的形成，加深对动力润滑原理的认识。

（2）了解径向滑动轴承形成过程，学习径向滑动轴承油膜压力分布的测定方法，绘制油膜压力径向和轴向分布图，验证理论分布曲线。

（3）了解最小油膜厚度的确定过程，加深对润滑状态与各参数间关系的理解。

二、实验设备

HS-B 型液体动压轴承实验台。

三、实验原理

1. 实验设备

滑动轴承试验台如图 5-30 所示，该试验台主要由传动装置、加载装置、摩擦因数测量装置、油膜压力测量装置和被试验轴承等组成。

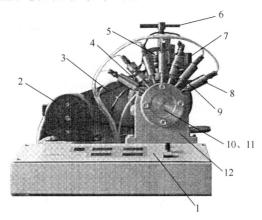

图 5-30 滑动轴承试验台

1—操纵面板；2—直流电机；3—三角带；4—轴向油压传感器接头；5—外加载荷传感器；6—螺旋加载杆；7—摩擦力传感器测力装置；8—径向油压传感器（7 只）；9—传感器支撑板；10—主轴；11—主轴瓦；12—主轴箱

（1）传动装置。

由直流电机 2 通过三角带 3 带动主轴顺时针旋转，由无级调速器实现无级调速。本实验台主轴的转速范围为 3～375 r/min，主轴的转速由装在操纵面板 1 上的数码管直接读出。

（2）加载装置。

油膜的径向压力分布曲线是在一定的载荷和一定的转速下绘制的。当载荷改变或轴的转速改变时所测出的压力值是不同的，所绘出的压力分布曲线也是不同的。转速的改变方法如前所述。本实验台采用螺旋加载，转动螺杆即可改变载荷的大小，所以载荷之值通过传感器数字显示，直接在实验台的操纵板上读出。

(3) 摩擦因数测量装置。

径向滑动轴承的摩擦因数 f 随轴承的特性系数值 λ 的改变而改变，其中

$$\lambda = \mu n / P \tag{5-33}$$

式中
  μ——油的动力黏度；
  n——轴的转速；
  P——压力。

$$P = W / Bd \tag{5-34}$$

式中
  W——轴上的载荷；
  W——轴瓦自重＋外加载荷。

本实验台轴瓦自重为 40N，B 为轴瓦的宽度，d 为轴的直径。

在边界摩擦时，f 随 λ 的变大而变化很小，进入混合摩擦后，λ 的改变引起 f 的急剧变化，在刚形成液体摩擦时 f 达到最小值，此后，随 λ 的增大油膜厚度也随之增大，因而 f 也有所增大。

(4) 油膜压力测量装置。

在轴承上半部中间即轴承有效宽度 $B/2$ 处的剖面上沿圆周 120°内钻有七个均匀分布的小孔，每个小孔连接一个压力传感器（测周向压力），在轴承轴向有效宽度 $B/4$ 处也钻有一个小孔，并连接一只压力传感器（测轴向压力）。从而可绘出轴承的周向和轴向压力分布曲线。

2. 实验原理

液体动压滑动轴承的工作原理是通过轴颈的旋转将润滑油带入摩擦表面，由于油的黏性（黏度）作用，当达到足够高的旋转速度时油就被挤入轴与轴瓦配合面间的楔形间隙内而形成流体动压效应，在承载区内的油层中产生压力，当压力的大小能平衡外载荷时，轴与轴瓦之间形成了稳定的油膜，这时轴的中心对轴瓦中心处于偏心位置，轴与轴瓦间的摩擦是处于完全液体摩擦润滑状态，其油膜形成过程及油膜压力分布如图 5-31 所示。

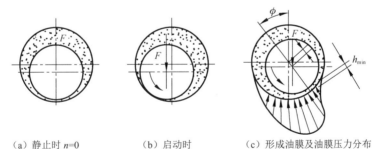

(a) 静止时 $n=0$ (b) 启动时   (c) 形成油膜及油膜压力分布

图 5-31 建立液体动压润滑的过程及油膜压力分布图

滑动轴承的摩擦因数 f 是重要的设计参数之一，它的大小与润滑油的黏度 η（Pa·s）、轴的转速 n（r/min）和轴承压强 p（MPa）有关，令

$$\lambda = \frac{\eta n}{p} \tag{5-35}$$

式中，λ 为轴承摩擦特性系数。

测量径向液体动压滑动轴承在不同转速、不同载荷、不同黏度润滑油情况下的摩擦因数 f 值，根据取得的一系列 f 值，可以作出滑动轴承的摩擦特性曲线，如图 5-32 所示，进而分析液体动压的形成过程，并找出非液体摩擦到液体摩擦的临界点，以便确定一定载荷、一定黏度润滑油情况下形成液体动压的最低转速，或一定转速、一定黏度润滑油情况下保证液体动压状态的最大载荷。

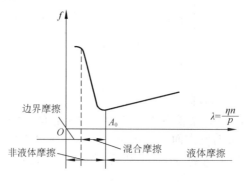

图 5-32　轴承摩擦特性曲线

四、实验步骤

（1）在轴承载荷 F=90kg 和 F=70kg 时，分别测量轴承周向油膜压力和轴向油膜压力，绘制出周向和轴向油膜压力分布曲线，并求出轴承的实际承载量。

（2）测定轴承压力、轴转速、润滑油黏度与摩擦因数之间的关系，用计算机进行数据处理，得出轴承 $f-\lambda$ 曲线。

（3）液体动压轴承油膜压力周向分布的仿真分析与位置模拟：采用与实验台配套的仿真软件，通过建模与数值仿真，得到液体动压轴承油膜压力周向分布的仿真曲线，以及轴承在不同载荷作用下的最小油膜厚度和偏位角。

五、实验注意事项

（1）由于主轴和轴瓦加工精度高，配合间隙小，使用的润滑油必须是经过过滤的清洁机油，使用过程中严禁灰尘与金属屑进入油内。

（2）外加载荷传感器所加负载不允许超过 120kg，以免损坏传感器元件。

（3）机油牌号的选择可根据具体环境和温度，一般应在 10～40# 内选择。

（4）为防止主轴瓦在无油膜运转时烧坏，在面板上装有无油膜报警指示灯，正常工作是指示灯是熄灭的，严禁在指示灯亮时主轴高速运转。

（5）做摩擦特性曲线实验，应从较高转速（300r/min）降速往下进行。加载的外载荷在 70～100 kgf 内选择一定值，并在整个过程中，保持着一定值至结束实验。

六、思考题

（1）哪些因素影响液体动压轴承的承载能力及其油膜的形成？形成动压油膜的必要条件是什么？

（2）当转速增加或载荷增大时，油膜压力分布曲线的变化如何？

（3）$f-\lambda$ 曲线说明什么问题？试解释当 λ 增加时，为什么在非液体摩擦区和液体摩擦区 f 会随之下降和增大。

5.10 减速器的拆装与结构分析实验

减速器是原动机和工作机之间的独立封闭传动装置,用来降低转速和增大转矩以满足各种工作机械的要求。按照传动形式的不同,可以分为齿轮减速器、蜗杆减速器和行星减速器;按照传动级数可分为单级传动和多级传动;按照传动的布置又可以分为展开式、分流式和同轴式减速器。

一、实验目的

(1) 通过拆装,了解齿轮减速器铸造箱体的结构及轴和齿轮的结构。
(2) 了解减速器轴上零件的定位和固定、齿轮和轴承的润滑、密封及各附属零件的作用、构造和安装位置。
(3) 熟悉减速器的拆装与调整的方法和过程。
(4) 培养对减速器主要零件尺寸的目测和测量能力。

二、实验仪器和工具

1. 实验设备

名 称	型号或规格	数量	备注
单级圆柱齿轮减速器		1	
两级三轴线圆柱齿轮减速器		1	
两级圆锥——圆柱齿轮减速器		1	
单级蜗杆减速器		1	

2. 拆装工具和测量工具(每组)

名称	型号或规格	数量	备注
活扳手		1	
呆扳手		1	
拨轮器		1	
榔头		1	
内外卡钳		1	
游标卡尺		1	
钢皮尺		1	

三、实验原理与内容

图 5-33 所示为减速器外形图。减速器的机体由机座和机盖组成。为安装方便,机座和机盖的分界面通常与各轴中心线所在的平面重合,这样可将轴承、齿轮等轴上零件在体外安装在轴上,再放入机座轴承孔内,然后合上机盖。机座与机盖的相对位置由定位销确定,并用螺栓连接紧固。机盖凸缘上两端各有一螺纹孔,用于拧入启盖螺钉。机体内常用机油润滑,机盖上有观察窗,其上设有通气孔,能使机体内膨胀气体自由逸出;机座上设有标尺,用于检查油面高度。为放出机体内油污,在机座底部有防油螺塞。为了便于搬运,在

机体上装有环首螺钉或耳钩。机体上的轴承盖用于固定轴、调整轴承游隙并承受轴向力。在输入、输出端的轴承盖孔内放有密封装置,防止杂物渗入及润滑油外漏。若轴承利用稀油飞溅润滑时,还常在基座的剖分面上作出输油沟,使由齿轮运转时飞溅到机盖上的油沿机盖内壁流入此油沟导入轴承。

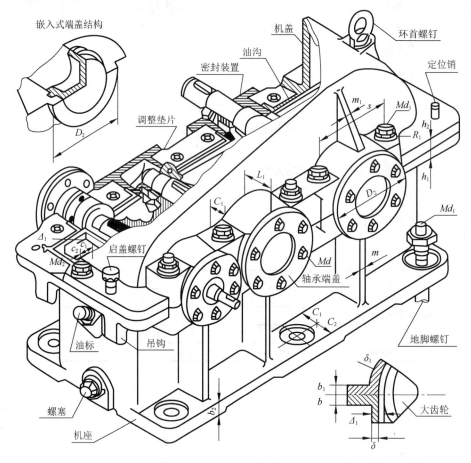

图 5-33 减速器外形

减速器机体是用以支持和固定轴系零件,是保证传动零件的啮合精度、良好润滑及密封的重要零件,其重量约占减速器总重量的 50%。因此,机体结构对减速器的工作性能、加工艺、材料消耗、重量及成本等有很大影响,设计时必须全面考虑。

拆减速器时应观察分析以下几个问题。

(1) 了解铸造箱体的结构。

(2) 观察、了解减速器附属零件的用途、结构和安装位置的要求。

(3) 测量减速器的中心距、中心高、箱座上、下凸缘的宽度和厚度、筋板的厚度、齿轮端面(蜗轮轮毂)与厢体内壁的距离、大齿轮顶圆(蜗轮外圆)与箱内壁之间的距离、轴承内端面至箱内壁之间的距离等。

(4) 观察了解蜗杆减速器厢体侧面(蜗轮轴向)宽度与蜗杆的轴承盖外圆之间的关系。为提高蜗杆轴的刚度,仔细观察蜗杆轴的结构特点。

（5）了解轴承的润滑方式和密封位置，包括密封的形式、轴承内侧挡油环、封油环的作用原理及其结构和安装位置。

（6）了解轴承的组合结构，以及轴承的拆装、固定和轴向间隙的调整；测绘轴是部件的结构图。

四、实验步骤

1. 拆卸

（1）仔细观察减速器外面各部分的结构，从观察中思考以下问题。

① 如何保证厢体支撑具有足够的刚度？

② 轴承座两侧的上下厢体连接螺栓应如何布置？

③ 支撑该螺栓的凸台高度应如何确定？

④ 如何减轻厢体的重量和减少厢体的加工面积？

⑤ 减速器的附件如吊钩、定位销钉、启盖螺钉油标、油塞、观察孔和通气等各起何作用？其结构如何？应如何合理布置？

（2）用扳手拆下观察孔盖板，考虑观察孔位置是否妥当，大小是否合适。

（3）拆卸厢盖，并且应该注意以下几个问题。

① 用扳手拆下轴承端盖的紧固螺钉。

② 用扳手或套筒扳手拆卸上、下厢体之间的连接螺栓，拆下定位销钉。将螺钉、螺栓、垫圈、螺母和销钉等放在塑料盘中，以免丢失。然后拧动启盖螺钉卸下厢盖。

（4）细观察厢体内各零部件的结构及位置。从观察中思考以下问题。

① 对轴向游隙可调的轴承应如何进行调整？轴的热膨胀如何进行补偿？

② 轴承是如何进行润滑的？如厢座的结合面上有油沟，则厢盖应采取怎样的相应结构才能使厢盖上的油进入油沟？油沟有几种加工方法？加工方法不同时，油沟的形状有何不同？

③ 为了使润滑油经油沟后进入轴承，轴承盖的结构应如何设计？在何种条件下滚动轴承的内侧要用挡油环或封油环？其作用原理、构造和安装位置如何？

（5）根据实验数据记录表格所列尺寸进行测量，并记录于表。

（6）卸下轴承盖；将轴和轴上零件随轴一起从箱座取出，按合理的顺序拆卸轴上零件。

2. 装配

按原样将减速器装配好。装配时按先内部后外部的合理顺序进行；装配轴套和滚动轴承时，应注意方向；应注意滚动轴承的合理拆装方法。经指导教师检查后才能合上箱盖。装配上、下箱之间的连接螺栓前应先安装好定位销钉。

五、注意事项

（1）实验前必须预习实习指导书，初步了解有关减速器装配图。

（2）文明拆装、切忌盲目。拆卸前要仔细观察零部件的结构及位置，考虑好合理的拆装顺序，拆下的零部件要妥善安放好，避免丢失和损坏。禁止用铁器直接打击加工表面和配合表面。

（3）注意安全，轻拿轻放。爱护工具和设备，操作要认真，特别要注意手脚安全。

（4）认真完成实验报告。

六、拆装实验报告

（1）记录数据表格。

名　　称	符　　号	数　　据/mm
中心矩	a_1	
	a_2	
中心高	H	
箱座上凸缘的厚度	b	
箱座上凸缘的宽度	k	
箱座下凸缘的厚度	p	
箱座下凸缘的宽度	k_1	
上筋板厚度	m_1	
下筋板厚度	m_2	
齿轮端面（蜗轮轮毂）与箱体内壁的间距	a	
大齿轮顶圆（蜗轮外圆）与箱体内壁的间隙	Δ	
轴承内端面至箱内壁的距离	l_2	

（2）测绘减速器轴系部件的结构草图（A4），并标注相关尺寸。

（3）写出减速器各部件的名称、位置和用途，润滑和密封方式，轴系部件的调整方法。

（4）画出齿轮轴的受力、剪力、弯矩和扭矩简图。

（5）对拆装的减速器，指出哪些地方不合理并提出改进意见。

第6章 液压与气压传动

液压传动是以液体为工作介质，依靠液体的压力传递力，依靠液体的体积传递运动的一种传动方式。通过对压力、流量进行控制，还可以组成各种液压自动控制系统。液压系统具有动力密度大、传动平稳、调速范围大、便于实现自动控制机自动化过载保护等优点。

6.1 液压元件结构观察及方向控制回路实验

液压元件是液压系统的重要组成部分。液压泵是液压系统中的动力装置，是能量转换元件。液压阀是液压系统中的调节元件，主要功能是控制和调节流体的流动方向、压力和流量等。

一、实验目的

（1）通过对各类液压元件的拆装可加深对液压元件结构及工作原理的了解，并能对液压元件的加工及装配工艺有一个初步的认识。

（2）进一步理解方向控制回路的组成、原理及应用。

（3）结合液压课所学知识学会系统设计、元件选择、安装、调试液压基本回路。

二、实验用工具及材料

（1）QCS014A 装拆式液压教学实验台。

（2）液压泵。

（3）液压阀及其他液压元件。

三、实验内容及步骤

1. 液压元件结构观察

观察及了解各零件在液压元件中的作用，了解各种液压元件的工作原理，并按一定的步骤装配各类液压元件。

1）齿轮泵

齿轮泵具有结构简单、体积小、重量轻、工作可靠、制造容易、成本低，以及对液压油的污染不太敏感，维护与修理方便等优点，因此，已广泛应用在压力不高的液压系统中。齿轮泵的缺点是漏油较多，轴承上载荷大，因而压力较低，流量脉动和压力脉动较大，噪声高，并只能作为定量泵使用，故使用范围受到一定限制，齿轮泵在结构上采取措施后可以达到较高的工作压力。

CB 型齿轮泵是我国自行设计制造的产品，为了适应高压系统的需要，在结构上稍加改进（采用了浮动轴套结构即可用齿轮端面间隙自动补偿装置），可使油泵的额定压力达到 10～16MPa，容积效率不低于 0.9。

CB 型齿轮油泵在结构上考虑并较好地解决了轴向间隙、径向压力不平衡、困油问题等。型号：CB-B 型齿轮泵，其结构如图 6-1 所示。

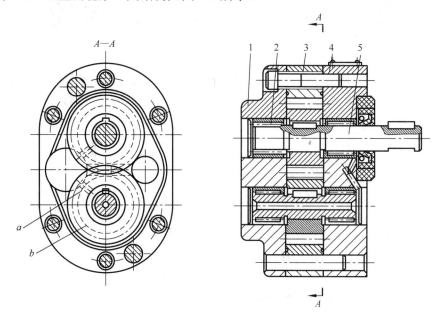

1，5—端盖；2—紧固螺钉；3—齿轮；4—泵体

图 6-1　CB-B 型齿轮泵的结构

（1）工作原理。

在吸油腔，轮齿在啮合点相互从对方齿谷中退出，密封工作空间的有效容积不断增大，完成吸油过程。在排油腔，轮齿在啮合点相互进入对方齿谷中，密封工作空间的有效容积不断减小，实现排油过程。

（2）拆卸步骤。

① 松开 6 个紧固螺钉 2，分开端盖 1 和 5；从泵体 4 中取出主动齿轮及轴、从动齿轮及轴。

② 分解端盖与轴承、齿轮与轴、端盖与油封（此步可不做）。

装配顺序与拆卸相反。

（3）主要零件分析。

① 泵体 4。

泵体的两端面开有封油槽 a，此槽与吸油口相通，用来防止泵内油液从泵体与泵盖接合面外泄，泵体与齿顶圆的径向间隙为 0.13～0.16mm。

② 端盖 1 与 5。

前后端盖内侧开有卸荷槽 b（见图 6-1 中虚线所示），用来消除困油。端盖 1 上吸油口大，压油口小，用来减小作用在轴和轴承上的径向不平衡力。

③ 齿轮 3。

两个齿轮的齿数和模数都相等，齿轮与端盖间轴向间隙为 0.03～0.04mm，轴向间隙不可以调节。

（4）实验报告要求。

① 根据实物，画出齿轮泵的工作原理简图。

② 简要说明齿轮泵的结构组成。

2）液压控制阀的拆装

（1）溢流阀拆装分析。

溢流阀型号：P 型直动式中压溢流阀。

（2）拆卸步骤。

① 先将 4 个六角螺母用工具分别拧下，使阀体与阀座分离。

② 在阀体中拿出弹簧，使用工具将闷盖拧出，接着将阀芯拿出。

③ 在阀座部分中，将调节螺母从阀座上拧下，接着将阀套从阀座上拧下。

④ 将小螺母从调节螺母上拧出后，顶针自动从调节螺母中脱出。

（3）P 型直动式中压溢流阀的组成。

序号	名称	数量
1	阀体	1
2	弹簧	1
3	阀座	1
4	闷盖	1
5	调节螺母	1
6	顶针	1
7	六角螺母	4
8	阀芯	1
9	阀套	1
10	小螺母	1
11	密封圈	2

3）换向阀

型号：34E-25D 电磁阀，其结构如图 6-2 所示。

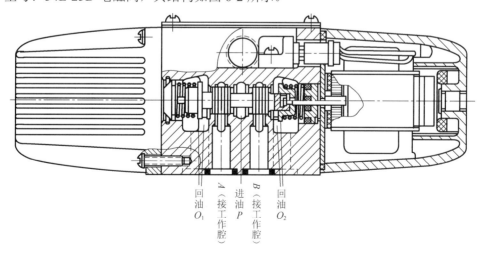

图 6-2　34E-25D 电磁阀结构

（1）工作原理。

利用阀芯和阀体间相对位置的改变来实现油路的接通或断开，以满足液压回路的各种要求。电磁换向阀两端的电磁铁通过推杆来控制阀芯在阀体中的位置。

（2）实验报告要求。

① 根据实物说出该阀有几种工作位置。

② 说出液动换向阀、电液动换向阀的结构及工作原理。

（3）思考题。

① 说明实物中的电磁换向阀的中位机能。

② 左右电磁铁都不得电时，阀芯靠什么对中？

③ 电磁换向阀的泄油口的作用是什么？

4）单向阀

型号：I-25 型和 I-63 型单向阀，其结构分别如图 6-3（a）和图 6-3（b）所示。

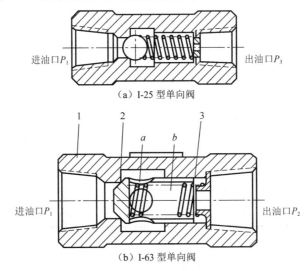

(a) I-25 型单向阀

(b) I-63 型单向阀

图 6-3　单向阀结构

1—阀体；2—阀芯；3—弹簧；a—泄油口；b—油路

（1）工作原理。

压力油从 P_1 口流入，克服作用于阀芯 2 上的弹簧力开启由 P_2 口流出。反向在压力油及弹簧力的作用下，阀芯关闭出油口。

（2）实验报告要求。根据实物，画出单向阀的结构简图。

（3）思考题。液控单向阀与普通单向阀有何区别？

5）节流阀

型号：L-10B 型节流阀，其结构如图 6-4 所示。

（1）工作原理。

转动手柄 3，通过推杆 2 使阀芯 1 作轴向移动，从而调节节流阀的通流截面积，使流经节流阀的流量发生变化。

（2）验报告要求。

根据实物，叙述节流阀的结构组成及工作原理。

（3）思考题。

调速阀与节流阀的主要区别是什么？

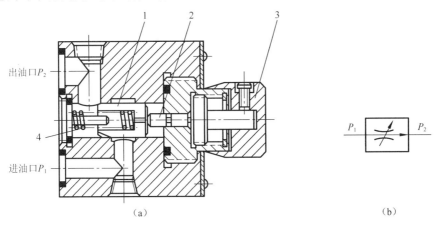

图 6-4　节流阀结构及表示符号
1—阀芯；2—推杆；3—手柄；4—弹簧

2．实验台简介

QCS014A 装拆式液压教学实验台采用液压元件拆装式，工作台框可布置 20 个元件，用快换接头和胶管连接油路。电器采用矩阵板顺序控制，可自编程序完成 10 个顺序，每个顺序可同时输出 10 个电信号。本实验台能进行时间（用电子计时器）、压力、流量的测定，油液加热可以自动控制。

本实验台可以实现下列 12 种基本回路：①定量泵三种节流型的调速回路；②变量泵和流量阀的调速回路；③差动回路；④单向阀串联的速度换接回路；⑤背压阀限制系统最低压力的回路；⑥三级调速回路；⑦二级减压回路；⑧蓄能器保压、泵卸荷回路；⑨单向顺序阀的平衡回路；⑩单向调速阀并联同步回路；⑪行程控制双缸顺序动做回路；⑫双缸供油回路。根据教学需要，还可实验其他多种液压回路。

3．方向控制回路设计

实验要求。

设计一双作用缸电磁换向回路，要求当电磁阀处于中位时，液压泵便可卸荷，而且该回路的最高压力不超过 6.3MPa。

注意事项：实验系统要能够符合设计规范，安全可靠；安装调试系统时，注意不要损坏元件和节省实验材料；注意人身安全和设备安全；系统设计压力在 6MPa 以下，流量为 8L/min；安装完毕后，应仔细校对回路和元件是否有错，经指导教师同意后方可开机；实验结果以表格或性能曲线表示。

四、实验步骤

（1）将设计好的液压基本回路原理图交给实验指导老师进行检查。

（2）按照液压基本回路原理图用液压胶管总成在 QCS014 实验台上搭建回路。

（3）启动主机，进入万能自编界面，按事先设计好电磁阀的动作顺序表分别将电磁铁按要求通断。

（4）搭建好的回路必须经过实验指导老师检查，以确认无误且回路完全符合实验要求和实验目的。

（5）溢流阀的调节手柄完全松开（逆时针转动）。

（6）启动实验台。

（7）调溢流阀使回路的压力为 P_1（$P_1 \leqslant 6.3$ MPa）。

（8）分别使用手动和自动使电磁换向阀的左右电磁铁轮流通电，来观察液压缸的换向动作，观察液压缸的换向动作。

五、注意事项

（1）方向控制回路设计图必须交指导老师检查后方可搭接回路。

（2）确认回路搭接完毕后方可启动实验台。

（3）回路压力不能大于 6.3 MPa。

六、实验报告要求

（1）根据实物，画出齿轮泵的工作原理简图。

（2）简要说明齿轮泵的结构组成。

（3）方向控制回路实验报告包含以下内容：设计题目及参数、液压系统原理图、电磁阀的动作顺序表、实验步骤、实验结果。

6.2 液压传动压力控制回路实验

压力控制回路是液压传动系统中最基本、最重要的控制回路之一。用压力控制阀或其他液压元件来控制（调节）整个系统或局部支路中的油液压力，以满足工作负载对执行元件（液压缸或液压马达）输出力或转矩的要求，防止系统过载及减少能量损耗。压力控制回路包括调压回路、减压回路、增压回路、保压回路、卸荷回路及平衡回路等多种回路。

一、实验目的

（1）进一步认识和理解直动式溢流阀的工作原理、基本结构、主要性能及其在液压回路中的作用。

（2）通过实验了解直动式溢流阀的调压偏差、调压范围等静态特性指标，以及这些参数在实际应用时的真实意义。

（3）掌握二级压力控制回路的工作原理及其全部控制过程；认识二级压力控制回路中，高、低压直动式溢流阀在系统工作过程中各自的作用（高压溢流阀控制系统的最高压力，低压溢流阀所调压力基本是由于克服运动部件的自重和摩擦阻力）。

（4）通过实验验证学过的理论知识的实践性，同时检验自己所设计液压回路的正确性，培养将理论与实践相结合的能力。

二、实验仪器

液压传动综合教学实验台。

三、实验原理

1. 实验内容

设计利用两个直动式溢流阀所实现的二级压力控制回路。在可拆装液压回路实验台上进行安装、接通系统回路并调试系统工作。调节高、低压溢流阀的控制压力值，以满足液压缸所需工作压力和返程压力（用于克服摩擦、泄漏等阻力）。

2. 实验原理

压力控制回路实验原理如图 6-5 所示，调压回路中的二级压力控制回路（双压回路），根据溢流阀在定量泵供油系统中可使泵或局部支路保持恒压的作用，在系统设定压力范围内，将两个具有不同调压范围的直动式溢流阀分别设置在液压泵的出口和工作液压缸的返程（非工作行程）回路上，通过二位三通电磁换向阀可以控制工作液压缸在往复行程中获得不同压力。

如图 6-5 所示的演示图是仿照 YY-18 型透明液压传动实验台所进行的模拟实验。采用渐开线外啮合齿轮泵，低压直动式溢流阀，双作用液压缸（单活塞杆液压杠），二位四通电磁换向阀，压力表 Y60 型。

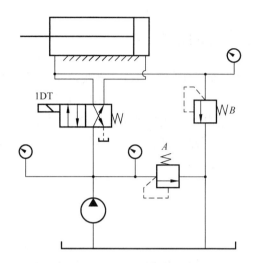

图 6-5 压力控制回路实验原理

四、实验步骤

二级压力控制回路，可以为机床或某些液压传动机械在工作过程的各个阶段提供所需要的不同压力。如活塞上升与下降过程中需要不同的压力，这时就要应用到二级压力控制回路。图 6-5 所示为利用两个直动式溢流阀分别控制两级压力的二级压力控制回路。活塞下降是工作行程，需要压力较高，由溢流阀 A 调定泵的出口压力值，活塞上升是非工作行程，所需较低压力由溢流阀 B 调定，液压缸的运动方向及压力变换由二位四通电磁换向阀进行转换。

（1）自行设计并组装二级压力控制回路，或检查实验台上搭建的液压回路是否正确（各接管连接部分是否插接牢固）。

（2）接通电源，将二位四通电磁换向阀接入电气控制面板的插座中，启动电气控制面板上的开关。

（3）调节液压泵的转速使压力表达到预定压力，开始液压系统的运转实验，并记录系统中所有运行参数值。

（4）调节工作缸压力控制系统的压力（调节直动式溢流阀的调压旋钮），使工作缸活塞杆顶出压力大于回程压力。

五、实验操作注意事项

（1）因实验元器件结构和用材的特殊性，在实验的过程中务必注意稳拿轻放防止碰撞；在回路实验过程中确认安装稳妥无误才能进行加压实验。

（2）做实验之前必须熟悉元器件的工作原理和动作条件，掌握快速组合的方法，绝对禁止强行拆卸，不要强行旋转各种元器件的手柄，以免造成人为损坏。

（3）严禁带负载启动（要将溢流阀逆时针旋松动），以免造成安全事故。

（4）学生做实验时，系统压力不得超过额定压力 6.3MPa。

（5）实验之前一定要了解本实验系统的操作规程，在老师的指导下进行，切勿盲目进行实验。

（6）实验过程中，发现回路中任何一处有问题时，应立即切断泵站电源，并向老师汇报情况，只有当回路释压后才能重新进行实验。

（7）实验完毕后，要清理好元器件，注意搞好元器件的保养和实验台的清洁。

六、实验报告要求

（1）实验用液压泵、缸、阀等元器件的名称及性能。

（2）分别计算出弹簧刚度 K、溢流阀活塞底面积 A，其中阀芯自重 G、阀芯与阀套之间的摩擦力 F_f、稳态液动力 F_s、射流力 F_j 可考虑忽略。

七、思考题

（1）试分析在二级压力控制回路中，为什么阀 A 的调节压力必须大于阀 B 的调节压力？否则将会怎样？

（2）在很多机床上具有自锁性能的液压夹紧机构中，大都采用这种二级压力控制回路，试说明有什么必要。

（3）在二级压力控制回路中，如果直动式溢流阀 A 和 B 的调压范围完全相同，阀 B 的调压显示很不明显，这是为什么？怎样改善？

6.3 液压传动速度控制回路实验

在液压传动系统中，调速回路占有重要地位。例如，在机床液压系统中，用于主运动和进给运动的调速回路对机床加工质量有着重要的影响，而且，它对其他液压回路的选择起着决定性的作用。

节流调速回路是由定量泵和流量阀组成的调速回路，可以通过调节流量阀通流截面积的大小来控制流入或流出执行元件的流量，以此来调节执行元件的运动速度。

根据流量阀在回路中位置的不同，节流调速回路可分为进口节流调速回路、出口节流调速回路、进出口节流调速回路和旁通节流调速回路。

一、实验目的

（1）了解速度控制回路的构成，掌握速度控制回路的类型。
（2）掌握节流调速回路的构成，掌握其回路的特点和工作原理。
（3）进一步掌握节流调速回路的类型。
（4）通过对节流阀调速回路的性能实验，进一步理解速度—负载特性。

二、实验仪器

QCS003B 教学实验台。

三、实验原理

1. 实验台的组成

（1）动力部分。

动力部分主要包括油箱、电动机、油泵和滤油器。电动机和叶片泵装在油箱盖板上，油箱底部装有轮子，可以移动，它安放在实验台左后部。

（2）控制部分。

控制部分主要包括溢流阀、电磁换向阀、节流阀、调速阀等，全部装在实验台的面板上。

（3）执行部分。

执行部分包括工作缸和加载缸，并排装在实验台的台面上。图 6-6 所示为节流调速回路系统原理。

（4）电器部分。

电器部分包括电器箱和电器按钮操作箱。电器箱中主要有接触器、热继电器、变压器、熔断器等，位于实验台后部的右下角。电器按钮操作箱主要包括各种控制按钮和旋钮及红绿信号灯，位于实验台的右侧。

（5）测量部分。

测量部分主要包括压力表、功率表、流量计、温度计，它们安装在实验台面板上。

2. 系统原理

系统主要分为调速回路和加载回路两大部分。图 6-6 的左半部是调速回路，右半部则是加载回路。

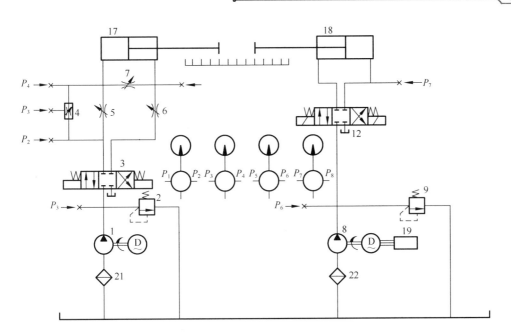

图 6-6 节流调速回路系统原理（部分）

1，8—液压泵；2，9—溢流阀；3，12—电磁阀；4—调速阀；5，6，7—节流阀；
17—工作液压缸；18—负载液压缸；19—压力表；21，22—滤清器

在调速回路中，工作液压缸 17 的活塞杆的工作速度 v 与节流阀的通流面积 σ、溢流阀调定压力 P_1（泵 1 的供油压力）及负载 F_L 有关。而在一次工作过程中，σ 和 P_1 都预先调定不再变化，此时活塞杆运动速度 v 只与负载 F_L 有关。v 与 F_L 之间的关系，称为节流调速回路的速度负载特性。σ 和 P_1 确定之后，改变负载 F_L 的大小，同时测出相应的工作液压缸活塞杆速度 v，就可测得一条速度负载特性曲线。

在负载回路中，当压力油进入负载液压缸 18 右腔时，由于负载液压缸活塞杆与调速回路液压缸 17（以后简称工作液压缸）的活塞杆将处于同心位置直接对顶，而且它们的缸筒都固定在工作台上，因此，工作液压缸的活塞杆受到一个向左的作用力（负载 F_L），调节溢流阀 9 可以改变 F_L 的大小。

四、实验步骤

1. 采用节流阀的进油路节流调速回路

（1）测试前的调整。

① 加载回路的调整。

关闭全部节流阀和打开全部溢流阀，启动液压泵 8，慢慢拧紧溢流阀 9 的旋钮（使系统压力 P_6 约为 0.5MPa）。转换电磁阀 12 的控制按钮，使电磁阀 12 左、右切换，负载液压缸 18 的活塞往复动作两三次，以排除回路中的空气，然后使活塞杆处于退回位置。

② 调速回路的调整。

全部关闭节流阀 5、7 和调速阀 4，并全部打开节流阀 6 和溢流阀 2，启动液压泵 1，慢慢扭紧溢流阀 2，使回路中压力 P_1 处于 3～5MPa。将电磁阀 3 的控制按钮置于"左"位，使电磁阀 3 处于左位工作，再慢慢调节进油节流阀 5 的通流面积，使工作液压缸 17 的活塞

运动速度适中（40～60mm/s）。左右转换电磁阀 3 的控制按钮，使活塞往复运动几次，检查回路工作是否正常，并排出空气。

（2）按拟定好的实验方案，调定液压泵 1 的供油压力 P_1 和本回路流量控制阀（进油节流阀 5）的通流面积 σ，使工作液压缸活塞退回，加载液压缸活塞杆向前伸出，两活塞杆对顶。

（3）节流调速实验数据的采集。

① 通过电磁阀 3 使工作缸活塞杆克服加载缸活塞杆的推力伸出。测得工作缸活塞杆的运动速度，然后退回工作缸活塞杆。

② 通过溢流阀 9 调节加载缸的工作压力 P_7（每次增加 0.5MPa），重复步骤 σ 逐次记载工作缸活塞杆运动的速度 v，直至工作缸活塞杆推不动所加负载为止。

③ 整 P_1 和 σ，重复步骤（2）。

（4）数据测量说明。

工作液压缸活塞的运动速度 v 的测量。

用钢板尺测量行程 L；用微动行程开关发信号，电秒表计时，或用秒表直接测量时间 t，则

$$v = \frac{L}{t} \text{(mm/s)} \tag{6-1}$$

负载为

$$F_L = P_7 \times A_1 \tag{6-2}$$

式中

P_7——负载液压缸 18 工作腔的压力；

A_1——负载液压缸无杆腔的有效面积。

将上述所测数据记入实验记录表格中。

2. 采用节流阀的回油路节流调速回路的速度负载特性

3. 采用节流阀的旁油路节流调速回路的速度负载特性

节流阀的回油路、旁油路节流调速和调速阀的进油节流调速的实验步骤与节流阀的进油节流调速的实验步骤大致相同，只是调节节流阀的步骤与节流阀的序号不同。

4. 采用调速阀的进油路节流调速回路的速度负载特性

该部分可以在掌握节流阀节流调速回路的前提下，选作该部分实验。

五、注意事项

（1）进行测试前的调试之前，必须检查各回路连接情况，防止设备启动时，压力过大，损坏压力表。

（2）任何情况下，必须保证各压力表所示回路压力小于 6.3MPa。

六、实验报告要求

（1）认真填写实验报告。

（2）按照实验报告要求，认真仔细完成各部分内容。

（3）根据实验数据，至少画出三种调速回路的速度—负载特性曲线。

（4）绘出采用节流阀的进口节流调速回路及出口节流调速回路的原理图，并简述每个回路的组成、结构特点及调速原理。

七、思考题

（1）采用节流阀的进油路节流调速回路，当节流阀的通流面积变化时，它的速度负载特性如何变化？

（2）在进、回油路节流调速回路中，采用单活塞杆液压缸时，若使用的元件规格相同，问哪种回路能使液压缸获得更低的稳定速度？如果获得同样的稳定速度，问哪种回路的节流元件通流面积较大？

（3）采用调速阀的进油路节流调速回路，为什么速度负载特性变硬（速度刚度变大）？而在最后，速度却下降得很快？

（4）比较采用节流阀进、旁油路节流调速回路的速度负载特性哪个较硬？为什么？

（5）分析并观察各种节流调速回路液压泵出口压力的变化规律，指出哪种调速情况下功率较大？哪种经济？

（6）各种节流调速回路中液压缸最大承载能力各决定于什么参数？

八、参考表格

1. 采用节流阀的进油路节流调速回路的速度负载特性试验记录表格

确定参数		次数	测算内容							
泵压1供油力 (kgf/cm²)	通流面积		负载缸工作压力 P_7 (MPa)	负载 $F_L=P_7×A_1$ (N)	工作缸活塞行程 L (mm)	时间 t (s)	工作缸活塞速度 $v=L/t$ (mm/s)	P_2 (MPa)	P_4 (MPa)	P_5 (MPa)
	小	1								
		2								
		3								
		4								
		5								
		6								
		7								
		8								
	中	1								
		2								
		3								
		4								
		5								
		6								
		7								
		8								

确定参数		次数	测算内容							
泵压 1 供油力	通流面积		负载缸工作压力 P_7 (MPa)	负载 $F_L=P_7 \times A_1$ (N)	工作缸活塞行程 L (mm)	时间 t (s)	工作缸活塞速度 $v=L/t$ (mm/s)	P_2 (MPa)	P_4 (MPa)	P_5 (MPa)
(kgf/cm²)	大	1								
		2								
		3								
		4								
		5								
		6								
		7								
		8								

2. 采用节流阀的回、旁油路节流调速回路和采用调速阀的进油路节流调速回路试验记录表格

项目	确定参数		次数	测算内容							
	泵压 1 供油力	通流面积		负载缸工作压力 P_7 (MPa)	负载 $F_L=P_7 \times A_1$ (N)	工作缸活塞行程 L (mm)	时间 t (s)	工作缸活塞速度 $v=L/t$ (mm/s)	P_2 (MPa)	P_4 (MPa)	P_5 (MPa)
节流阀回油路调速回路	(MPa)	中	1								
			2								
			3								
			4								
			5								
			6								
			7								
			8								
节流阀旁油路节流调速回路	(MPa)	中	1								
			2								
			3								
			4								
			5								
			6								
			7								
			8								
调速阀进油路节流调速回路	(MPa)	中	1								
			2								
			3								
			4								
			5								
			6								
			7								
			8								

6.4 液压传动多缸运动控制回路实验

一、实验目的

（1）了解液压元件组成的多缸顺序动作基本回路，理解单向顺序阀的功用及工作原理。
（2）掌握顺序阀的工作原理、职能符号及其运用。
（3）了解压力继电器的工作原理及职能符号。

二、实验仪器

QCS014B 装拆式液压教学试验台。

三、实验原理

液压系统回路如图 6-7 所示。

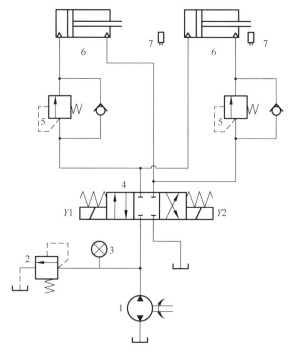

图 6-7　液压系统回路
1—泵站；2—溢流阀；3—压力表；4—三位四通电磁阀；5—顺序阀；6—液压油缸；7—接近开关

四、实验步骤

（1）根据试验内容，设计本实验所需的回路。所设计的回路必须经过认真检查，确保正确无误。

(2) 按照检查无误的回路要求，选择所需的液压元件，并且检查其性能的完好性。

(3) 将检验好的液压元件安装在插件板的适当位置，通过快速接头和软管按照回路要求，把各个元件连接起来（包括压力表）。

(4) 将电磁阀及行程开关与控制线连接。

(5) 按照回路图，确认安装连接正确后，旋松泵出口自行安装的溢流阀。经过检查确认正确无误后，再启动油泵，按要求调压。不经检查，私自开机，一切后果由本人负责。

(6) 系统溢流阀做安全阀使用，不得随意调整。

(7) 根据回路要求，调节顺序阀，使液压油缸左右运动速度适中。

(8) 实验完毕后，应先旋松溢流阀手柄，然后停止油泵工作。经确认回路中压力为零后，取下连接油管和元件，归类放入规定的抽屉中或规定地方。

五、参考实验（液压系统图）

1. 行程开关控制的顺序回路（图 6-8）

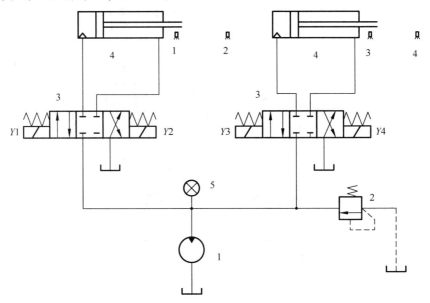

图 6-8　行程开关控制的顺序回路

1—泵站；2—溢流阀；3—三位四通电磁换向阀；4—液压油缸；5—压力表

2. 压力继电器控制的顺序回路（图 6-9）

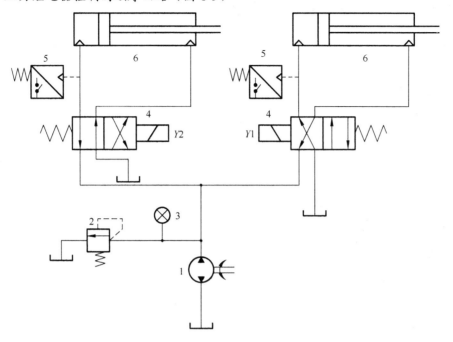

图 6-9 行程开关控制的顺序回路
1—泵站；2—溢流阀；3—压力表；4—二位四通单电磁阀；5—压力继电器；6—液压油缸

6.5 液压传动油泵性能测定实验

在液压系统中,每一个液压元件的性能都直接影响液压系统的工作和可靠性。因此,对生产出的每个元件都必须根据国家规定的技术性能指标进行试验,以保证其质量。液压泵是主要的液压元件之一,因而我们安排了此项试验。

一、实验目的

(1) 了解液压泵的主要性能和小功率液压泵的测试方法。
(2) 通过此实验掌握此液压实验台的设计思想及其实现方法。

二、实验仪器

QCSOO3B 教学实验台。

三、实验原理

1. 液压泵基本知识

液压泵的主要性能包括额定压力、额定流量、容积效率、总效率、压力脉动值、噪声、寿命、温升和振动等项。其中以前几项性能为最重要。表 6-1 列出了单机定量叶片泵的主要技术性能指标,供学生参考。

表 6-1 定量叶片泵主要性能指标

项目名称	额定压力/MPa	公称排量/(mL/r)	容积效率(%)	总效率(%)	压力脉动值/MPa
单级定量叶片泵	6.3	≤10	≥80	≥65	±2
		16	≥88	≥78	
		25~32	≥90	≥80	
		40~125	≥92	≥81	
		≥	≥93	≥82	

测试一种液压泵(齿轮泵或叶片泵)的下列特性。
(1) 液压泵的压力脉动值。
(2) 液压泵的流量-压力特性。
(3) 液压泵的容积效率-压力特性。
(4) 液压泵的总效率-压力特性。

2. 实验原理

图 6-10 所示为 QCS003B 型液压实验台测试液压泵性能的液压系统原理。其中 8 为被试泵,它的进油口装有线隙式滤油器 22,出油口并联有溢流阀 9 和压力表 p_6。被试泵输出的油液经节流阀 10 和椭圆齿轮流量计 20 流回油箱。用节流阀 10 对被试泵加载。

(1) 液压泵的压力脉动值。

把被试泵的压力调到额定压力,观察记录其脉动值,看是否超过规定值。测时压力表 p_6 不能加接阻尼器。

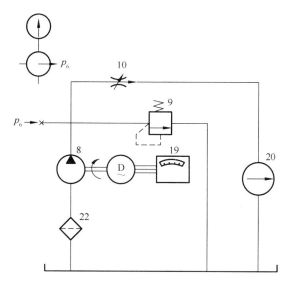

图 6-10 泵性能实验液压系统原理（部分）
8—被试泵；9—溢流阀；10—节流阀；19—压力表；20—流量计；22—滤油器

（2）液压泵的流量-压力特性。

通过测定被试泵在不同工作压力下的实际流量，得出它的流量—压力特性曲线 $Q=f(p)$。调节节流阀 3 即得到被试泵的不同压力，可通过压力表 p_6 观测。不同压力下的流量用椭圆齿轮流量计和秒表确定。压力调节范围从零开始（此时对应的流量为空载流量）到被试泵额定压力的 1.1 倍为宜。

（3）液压泵的容积效率-压力特性。

在理论上，

$$容积效率 = \frac{实际流量}{理论流量} \tag{6-3}$$

在实际生产中，泵的理论流量一般不用液压泵设计时的几何参数和运动参数计算，通常以空载流量代替理论流量，即

$$容积效率 = \frac{实际流量}{空载流量} \tag{6-4}$$

即

$$\eta_v = \frac{Q_实}{Q_空} \times 100\% \tag{6-5}$$

（4）液压泵总效率-压力特性。

$$总效率 = \frac{泵输出功率}{泵输入功率} \tag{6-6}$$

即

$$\eta = \frac{N_出}{N_入} \times 100\% \tag{6-7}$$

$$N_出 = PQ/1.02 \ (\text{kW}) \tag{6-8}$$

式中

    P——泵的工作压力（MPa）；

    Q——泵的实际流量 L/s。

$$N_\lambda = \frac{M_p n}{974}(\text{kW}) \tag{6-9}$$

式中

    M_p——泵的实际输入扭矩；

    n——泵的转速。

液压泵的输入功率用电功率表 19 测出。功率表指示的数值 $N_表$ 为电动机的输入功率。再根据该电动机的效率曲线，查出功率为 $N_表$ 时的电动机效率 $\eta_电$，则

$$N_\lambda = N_表 \eta_电 \tag{6-10}$$

液压泵总效率为

$$\eta = \frac{PQ}{1.02 \times N_表} \times 100\% \tag{6-11}$$

液压泵的输入功率用扭矩仪测出。速度用转速表测出，则

$$N_\lambda = 2\pi M_p n \tag{6-12}$$

液压泵总效率为

$$\eta_P = 15.9 \frac{PQ}{M_p n} \tag{6-13}$$

四、实验步骤

参照图 6-6 和图 6-10 进行实验。

（1）将电磁阀 12 的控制旋钮置于"0"位，使电磁阀 12 处于中位，电磁阀 11 的控制旋钮置于"0"位，阀 11 断电处于下位。全部打开节流阀 10 和溢流阀 9，接通电源，让被试泵 8 空载运转几分钟，排出系统内的空气。

（2）关闭节流阀 10，慢慢关小溢流阀 9，将压力 p 调至 7MPa，然后用锁母将溢流阀 9 锁住。

（3）逐渐开大节流阀 10 的通流载面，使系统压力 p 降至泵的额定压力（6.3MPa），观测被试泵的压力脉动值（做两次）。

（4）全部打开节流阀 10，使被试泵的压力为零（或接近零），测出此时的流量，即为空载流量。再逐渐关小节流阀 10 的通流截面，作为泵的不同负载，对应测出压力 P、流量 Q 和电动机的输入功率 $N_表$（或泵的输入扭矩与转速）。注意，节流阀每次调节后，必须运转一二分钟后，再测有关数据。

注：

压力 P——从压力表 P_6 上直接读数。

流量 Q——用秒表测量椭圆齿轮流量计指针旋转一周所需时间，根据公式 $Q = \frac{\Delta V}{t}$，求出流量 Q。

电动机的输入功率 $N_{表}$——从功率表 19 上直接读数（电动机效率曲线由实验室给出）。

将上述所测数据记入试验记录表。

五、实验记录与要求

（1）填写液压泵技术性能指标。

（2）填写试验记录表。

（3）绘制液压泵的工作特性曲线。

（4）分析实验结果。

六、思考题

（1）液压泵的工作压力大于额定压力时能否使用？为什么？

（2）从 $\eta_p - p$ 曲线中得到什么启发（从泵的合理使用方面考虑）？

（3）在液压泵特性试验液压系统中，溢流阀 9 起什么作用？

（4）节流阀 10 为什么能够对被试泵加载（可用流量公式 $Q = Ka\sqrt{\Delta p}$ 进行分析）？

七、参考表格

测试内容	序号\数据	一		二		三		四		五		六		七		八	
		1	2	1	2	1	2	1	2	1	2	1	2	1	2	1	2
1	被试泵的压力 p（MPa）																
2	泵输出油液容积的变化量 ΔV（L）																
	对应于 ΔV 所需时间 t（s）																
	泵的流量 $Q=\Delta V/t$（L/s）																
3	泵的输出功率 $N_{出}=PQ/1.02$（kW）																
4	输入功率 $N_{入} = N_{表}\eta_{电}$（kW）																
5	泵的容积效率 η_V（%）																
6	泵的总效率 η（%）																

注：被试泵的压力 P 可在 0～7MPa 范围内，间隔 1MPa 取点。每点建议测两次。

6.6 液压传动溢流阀静、动态性能实验

一、实验目的

（1）深入理解溢流阀稳定工作时的静态特性，着重测试静态特性中的调压范围及压力稳定性、卸荷压力损失和启闭特性三项，从而对被试阀的静态特性做适当分析。

（2）深入理解瞬态下的动态特性，即溢流量突然变化时，溢流阀所控制的压力随时间变化的过渡过程品质。

（3）通过实验，学会溢流阀静态和动态性能的试验方法，学会使用本实验所用的仪器和设备。

二、实验仪器

QCSOO3B 教学实验台。

三、实验原理

1. 静态特性

（1）压范围和压力稳定性。

① 调压范围：应能达到规定的调节范围（0.5～6.3 MPa），并且压力上升与下降应平稳，不得有尖叫声。

② 至调压范围最高值时的压力振摆（在稳定状态下调定压力的波动值）：是表示调压稳定的主要指标，此时压力表不准安装阻尼，压力振摆应不超过规定值（±0.2 MPa）。

③ 至调压范围最高值时的压力偏移值：一分钟内不超过规定的值（±0.2 MPa）。

（2）卸荷压力及压力损失。

① 卸荷压力：被试阀的远程控制口与油箱直通，阀处在卸荷状态，此时通过试验流量下的压力损失称为卸荷压力。卸荷压力不应超过规定值（0.2 MPa）。

② 压力损失：被试阀的调压手轮至全开位置。在试验流量下被试阀进出油口的压力差为压力损失，其值不应超过规定值（0.4 MPa）。

（3）启闭特性。

① 开启压力：被试阀调至调压范围最高值，且系统供油量为试验流量时，调节系统压力逐渐升高，当通过被试阀的溢流量为试验流量 1%时的系统压力值称为被试阀的开启压力。压力级变成 6.3 MPa 溢流阀规定开启压力不得小于 5.3 MPa。

② 闭合压力：被试阀调至调压范围最高值，且系统供油量为试验流量时，调节系统压力逐渐降低，当通过被试阀的溢流量为试验流量 1%时的系统压力值称为被试阀的闭合压力。压力级为 6.3 MPa 的溢流阀，规定闭合压力不得小于 5 MPa。

③ 根据测试开启压力与闭合压力的数据，画出被试阀的启闭特性曲线。

④ 实验中压力值由压力表测出；被试阀溢流量较大时通过流量计测，溢流量较小时用

量杯测出容积的变化量 ΔV，计时用秒表。

2. 动态特性

当溢流阀的溢流量由零到额定流量发生阶跃变化时，其进口压力将迅速升高并超过其调定压力值，然后逐步衰减并稳定在调定压力值上，这个过程称为溢流阀的动态特性。

（1）压力超调量。

压力超调量是最大峰值压力 P_3 和调定压力 P_2 的差值 ΔP 与阀的调定压力 P_2 比的百分值，即 $\Delta P / P_2 \times 100\%$。性能良好的溢流阀的压力超调量一般应小于 30%。

（2）压力上升时间 Δt_1。

压力开始上升第一次达到调定压力值所需时间，它反映阀的快速性。

（3）过渡过程时间 Δt_2。

压力开始上升到最后稳定在调定压力 $P_2 \pm 5\% P_2$ 时所需时间 Δt_2。

（4）压力卸荷时间。

压力由调定压力降到卸荷压力所需的时间 Δt_3。

四、实验步骤

参照图 6-6 进行实验。

1. 静态特性实验方法

1）调压力范围及压力稳定性

（1）调压范围。

① 将溢流阀 9 调到安全阀压力（应比被试调节阀 14 的最高调节压力高 10% 左右）将电磁阀 11 通电，调节阀 14 全开，通过调节阀 14 的流量为额定流量，此时节流阀 10 关闭，电磁阀 12 处于中位。

② 调节阀 14 的调压手把，从全开至额定压力值（6.3 MPa）再回至全开，通过 P_3 观察压力升、降是否有突变或滞后现象。反复实验不得少于 3 次，将观察的数据填入相应表格。

（2）压力振摆。

在阀 14 的调压范围内设定 5 个压力点（其中含 6.3 MPa）在 P_3 上读出压力振摆值，并标注出最大值，填入相应表格中。

（3）压力偏移。

将阀 14 调至 6.3 MPa，测试在 1～3min 内的压力偏移值，填入相应表格。

2）卸荷压力及压力损失

（1）卸荷压力：将阀 14 的远程控制口 K 直接通油箱，通过额定流量时，测出阀 14 的前后压力差即为卸荷压力。由于阀 14 后的阻力很小，可忽略不计，即阀 14 的出口压力为零，所以 P_3 的数值即为卸荷压力，反复实验不少于两次，将此数据填入表中。

（2）压力损失：将阀 14 调至全开位置，通过额定流量时，测出阀 14 前后的压力差即为压力损失。

3）启闭特性

启闭特性线的获得，目前可采用描点法和自动记录法两种，现介绍描点法如下。

（1）设定参数。

① 被测调节阀 14 工况的设定：按三个或两个不同工况设定，其调定值 P 阀建议为 2、4 和 6.3 MPa 或 2 和 6.3 MPa。

② 调节阀 14 进出口压力差的设定：建议调节阀 14 开启的全过程中，P_3 的测试点不少于 12 个，其中从先导阀开启至主阀开启（开启压力为溢流阀的额定流量的 1%时）压力测试点不少于 7 个，闭合过程类同。

（2）待测参数。

按阀 14 设定的工况及其进出口压力测试点，分别测出在时间 t（s）内，通过阀 14 的溢流容积 ΔV（m^3）。闭合过程类同。

注意：实际测试时，溢流量不呈线是不计量的，此时先导阀刚开启。

（3）操作步骤。

① 启动泵 8，关闭节流阀 10，接通电磁阀 11。

② 调节阀 9 和阀 14 的调压把手均调至 6.3 MPa。

③ 将阀 9 的压力降至 4.8 MPa 左右，最好降至当接通电磁阀 16 时，小油管不滴为止。

④ 再将 9 的压力逐渐升高，开始滴油时，观察和记录 P_3 示值；由滴油转为线流时，通过秒表，测量 t 时间内通过的液体体积 ΔV，观察和记录 P_3 的示值，将 t、ΔV、P_3 值记入表中。然后再将 9 的压力高，测量不同压力下的 t、ΔV、P_3 值并记录。流量小时，用量杯测量体积；流量大时，用流量计测量体积。

⑤ 将阀 9 继续升压至 6.3 MPa 甚至大于 6.3 MPa 到阀通过额定流量为止,测定流量（看流量计）是否为全流量。

⑥ 闭合过程的测量方法同上。

（4）计算。

① 对阀 14 进口压力测试点的溢流量为 $Q_{阀} = \dfrac{\Delta V}{t} \times 10^{-6}$。

② 阀 14 额定流量的 1%值为 $0.01 Q_{阀}$。

2. 动态特性实验方法

1）设定参数

（1）阀 9 的压力调至为额定压力值，起安全阀作用。

（2）被试阀 14 的调定压力为 5MPa，即 P_2=5 MPa。

2）待测参数

（1）将电磁阀 11 通电，被试阀 14 处于升压过程，观察进油阶段压力的变化情况，记下压力峰值，然后将 11 断电，被试阀 14 处于卸压过程。

① 压力超调量。

$\Delta P / P_2 \times 100\%$。$\Delta P = P_3 - P_2$，式中，$P_3$ 为峰值压力，P_2 为阀 14 的调定压力（5 MPa）

观察并记录。

② 压力上升时间 Δt_1。

从发电信号开始到压力上升第一次达到调定压力值所需时间,由秒表测量,它反映阀的快速性。

③ 过渡过程时间。

压力开始上升到最后稳定在调定压力 $P_2 \pm 5\%P_2$ 所需时间为 Δt_2,也由秒表测量。

(2) 再使阀 11 通电,阀 14 处于调定压力(5 MPa)的状态下,将电磁阀 15 通电,使阀 14 处于卸压过程,紧接着阀 15 断电,阀 14 处于升压过程,观察和记录。

① 压力卸荷时间 Δt_3。

压力由调定压力降到卸荷压力所需的时间为 Δt_3。

② 压力回升时间 $\Delta t_1'$。

压力回升时间是从卸荷压力开始升压到调定压力稳定的时间。$\Delta t_1'$ 越短越好。

五、注意事项

(1) 调节被试阀 14 进口压力时,从高到低(或从低到高)的整个过程中,只准向一个方向旋转阀 9 的调压手把,如果调节中出现小于(或大于)设定值时,不要反调,就按小值(或大值)实验,记录时修改这一设定压力值就是了。因为反调会改变阀芯的移动方向,摩擦阻力方向随之改变,测试的数据将带来误差。

(2) 实验中边做边计算阀 14 的溢流量,及时掌握变化规律。必要时也可临时增、删设定的压力点。

六、思考题

(1) 评定溢流工作稳定性好坏有哪些指标?
(2) 什么是开启比?为什么用此指标?
(3) 一般对溢流阀有哪些要求?

七、参考实验表格

1. 实验记录表格 1

实验项目			观测数据/MPa					光线示波器记录数据	
调压范围			a	b	c				
压力稳定性	压力摆振	设定参数	a	b	c	d	e	a	b
		待测参数							
	压力偏移	设定参数							
		待测参数							
	卸荷压力								
	压力损失								

2. 实验记录表格2

序号	调定压力P阀=						调定压力P阀=					
	开启过程			关闭过程			开启过程			关闭过程		
	设定数	待测数	结果	设定数	待测数	结果	设定数	待测数	结果	设定数	待测数	结果
	P_3	ΔV	t	Q	P_3	ΔV	t	Q	P_3	ΔV	t	Q
1												
2												
3												
4												
5												
6												
7												
8												
9												
10												
11												
12												
13												
14												
15												
开启压力$P_开$			关闭压力$P_闭$			开启压力$P_开$			开启压力$P_开$			
开启比						开启比			开启比			

6.7 电气联合控制多缸顺序动作回路演示实验

在各种机械设备的气动系统中,因现代设备要求控制动作多,控制程序复杂,精度高,因此,气动系统也要自动化程度高,协调性好。为了更好地与现代控制设备兼容,必须采用点气联合控制多缸动作回路。

一、实验目的

(1) 通过实验,观察各电器开关与气缸动作相互之间的关系。

(2) 了解本实验系统中各元件的性能,并掌握各元件的连接方法及测量仪表、测试软件使用方法,掌握一定的测试技能。

(3) 通过自行设计电气联合控制多缸顺序动作回路,比较不同的电器控制设备与不同的顺序动作回路特性,训练学生自我设计顺序动作回路的能力。

二、实验设备

气压传动综合实验台,以及各电气连接部件若干。

三、实验原理

1. 参考气动回路

(1) 多缸顺序动作回路如图 6-11 所示。

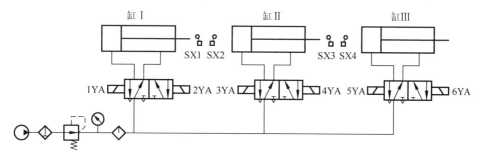

图 6-11 多缸顺序动作回路

(2) 系统所用元器件。

双作用汽缸两个;单作用汽缸 1 个;行程开关 4 个;双电控 2 位 5 通换向阀 3 个;二联件 1 个;空压机 1 台;连接管道 11 根。

2. 控制要求

分单次自动顺序和连续动作两种情况。

(1) 单次自动顺序动作。

缸Ⅰ伸出→缸Ⅰ退回→缸Ⅱ伸出→缸Ⅲ伸出→缸Ⅲ退回→缸Ⅱ退回→终止。

按下启动按钮,缸Ⅰ向前伸出,压下 SX2 后缸Ⅱ向前伸出,压下 SX4 后缸Ⅱ停止运动,缸Ⅲ向前伸出，经延时一段时间后（延时时间可根据实际情况调整，初定为40s）缸Ⅲ退回；在经延时一段时间后（40s），缸Ⅱ退回，压下SX3后缸Ⅱ停止。

（2）连续顺序动作。

缸Ⅰ伸出→缸Ⅱ伸出→缸Ⅲ伸出→缸Ⅲ退回→缸Ⅱ退回→缸Ⅰ退回→缸Ⅰ伸出。

按下启动按钮，缸Ⅰ向前伸出，压下SX2后缸Ⅰ停止运动，缸Ⅱ向前伸出，压下SX4后缸Ⅱ停止运动，缸Ⅲ向前伸出，经延时一段时间后（延时时间可根据实际情况调整，初定为40s），缸Ⅲ退回；再经延时一段时间后（40s）缸Ⅱ退回，压下SX3后缸Ⅱ停止，缸Ⅰ退回，压下SX1后反向前进。

3. I/O口分配及电磁铁动作顺序表

（1）I/O口分配。

按下启动开关，缸Ⅰ先启动前进，直至所有缸完成运动，并循环顺序动作。

（2）连续循环动作电磁铁动作顺序表如表6-2所示。

表6-2 手动往复顺序表

状 态	1YA	2YA	SX1	SX2	3YA	4YA	SX3	SX4	5YA
按下S2，缸Ⅰ前进	+	−	任意	−	−	−	任意	任意	−
SX2压下，缸Ⅰ停止	−	−	−	+	−	−	任意	任意	−
缸Ⅱ前进	−	−	−	+	+	−	任意	−	−
SX4压下，缸Ⅱ停止	−	−	−	+	−	−	−	+	−
缸Ⅲ后退（延时）	−	−	−	+	−	−	−	+	+
延时时间到缸Ⅲ后退	−	−	−	+	−	−	−	+	−
后退经延到缸Ⅲ停止，缸Ⅱ后退	−	−	−	+	+	−	−	−	−
压下SX3后，缸Ⅱ停止	−	−	−	+	−	−	+	−	−
缸Ⅰ后退	−	+	−	−	−	−	+	−	−
压下SX1，缸Ⅰ停止	−	−	+	−	−	−	+	−	−
缸Ⅰ前进	+	−	−	−	−	−	+	−	−

4. PLC参考程序

（1）梯形图如图6-12所示。

06	OUT	Y2	18	OUT	Y6	30	OUT	S0	42	OUT	S0
07	LDI	X1	19	OUT	T0	31	LD	T1	43	LD	X6
08	OUT	S0	20		K40	32	SET	S5	44	OUT	S0
09	LD	X7	21	LDI	X1	33	STL	S5	45	RET	
10	SET	S2	22	OUT	S0	34	OUT	Y5	46	END	
11	STL	S2	23	LD	T0	35	LDI	X1			

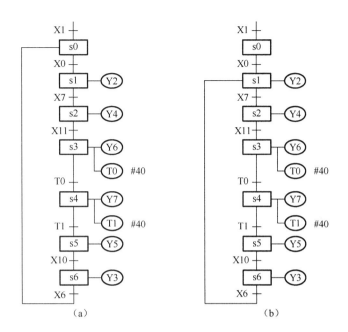

图 6-12 顺序动作回路梯形图

00	LD	X1	12	OUT	Y4	24	SET	S4	36	OUT	S0
01	SET	S0	13	LDI	X1	25	STL	S4	37	LD	X10
02	STL	S0	14	OUT	S0	26	OUT	Y7	38	SET	S6
03	LD	X0	15	LD	X11	27	OUT	T1	39	STL	S6
04	SET	S1	16	SET	S3	28		K40	40	OUT	Y3
05	STL	S1	17	STL	S3	29	LDI	X1	41	LDI	X1
06	OUT	Y2	18	OUT	Y6	30	OUT	S0	42	OUT	S0
07	LDI	X1	19	OUT	T0	31	LD	T1	43	LD	X6
08	OUT	S0	20		K40	32	SET	S5	44	OUT	S1
09	LD	X7	21	LDI	X1	33	STL	S5	45	RET	
10	SET	S2	22	OUT	S0	34	OUT	Y5	46	END	
11	STL	S2	23	LD	T0	35	LDI	X1			

5. 调试并运行程序，检查运行结果

6. 思考与练习

请设计四种顺序动作回路，并编写其相应的 PLC 程序，调试运行检查。

四、思考题

什么是顺序动作回路？请绘制出回路原理图，并写出实验步骤。

第 7 章　机械创新设计实验

人类历史上有无数的发现、发明和创新对人类的生产、生活产生了非常深远的影响，极大地推动了生产力的发展，人们的生活水平不断地得以提高。一谈到创造发明、发现，人们开始可能会认为是很神秘的事，以为创新发明是学者专家的专利品，一般人很难办到。其实科学技术的最基本特征就是不断进步，不断创新。创新是人类文明进步的原动力。创新人类科学的发展产生了巨大影响，而科学的发展则成为推动人类社会进步和社会变革的第一动力。

7.1　概述

什么是创新？

第一种意思：通过研究和试验产生的新东西（新的装置或流程）、创造新的东西（发明创新、技术革新）。

第二种意思：头脑中产生的新东西（创意）。

第三种意思：第一次开始使用某种事物的行动；介绍使用新生事物（创举）。

第四种意思："更新"、"改变"。

第五种意思：为旧的东西找到新的应用领域、新的使用方法、新的市场（"发现"和"开拓"）。

"创新"的概念在国内学术界公认来源于熊比特的创新理论，其国际社会认同的特指英文"Innovation"，有别于"创造"（英文为 Creation）和"发明"（英文为 Invention）。当前国际社会对于"创新（这里还是理解为 Innovation）"的定义比较权威的有以下两个。

一是 2000 年联合国经合组织（OECD）"在学习型经济中的城市与区域发展"报告中提出的"创新的涵义比发明创造更为深刻，它必须考虑在经济上的运用，实现其潜在的经济价值。只有当发明创造引入到经济领域，它才成为创新"。

二是 2004 年美国国家竞争力委员会向政府提交的《创新美国》计划中提出的"创新是把感悟和技术转化为能够创造新的市值、驱动经济增长和提高生活标准的新的产品、新的过程与方法和新的服务"。

这就确认了"创新"在社会经济发展中极其重要的地位和作用。作为 Innovation 的创新，实际上是个过程，是实现创造发明潜在的经济和社会价值的过程。

创新是人在社会实践中运用已有知识、经验、技能，研究新事物，解决新问题，产生新的思想及物质成果，用以满足人类物质及精神生活需求的过程。

机械创新设计是指充分发挥设计者的创造力，利用人类已有的相关科学技术成果（理论、方法、技术、原理等），进行创新构思，设计出具有新颖性、创造性及实用性的机构或机械产品（装置）的一种实践活动。

　　创新活动是人类实践活动中最复杂、最高级的，是人类智力水平高度发展的表现。

　　大多数发明家在创新发明之前都是非常普通的，很多创新发明往往是通过一次偶然事件触发灵感而开启智慧之窗获得的。但是任何一个创新发明都是人们经过长期探索的，不仅需要坚忍不拔的意志和毅力，而且有些是以生命为代价换来的。如果没有冲破传统观念和不怕失败的勇气，没有不怕牺牲的冒险精神，没有坚忍不拔的意志和毅力，他们就不可能到达光辉的彼岸。

7.2 机械传动运动参数测试与分析

将若干种机构根据需要组合起来，构成一个机械传动系统，其作用不仅是实现减速（或增速）、变速及运动形式的转变，使执行构件能完成预定的运动，同时它还把原动机输出的功率和扭矩传递到执行构件上去，使它能够克服生产阻力而做功。因此，实现预期的运动和传递动力是机械传动系统的两个基本任务。

执行构件的运动形式常见的有回转运动和直线运动两种，回转运动又分为连续回转和间歇回转；直线运动又分为往复直线和带停歇的往复直线等运动。

一、实验目的

（1）通过实验，了解位移、速度、加速度的测定方法；转速及回转不匀率的测定方法。

（2）通过实验，初步了解传感器的基本原理，并掌握QTD-Ⅲ型组合机构实验台的使用方法。

（3）通过比较理论运动线图与实测运动线图的差异，并分析其原因，增加运动速度，特别是加速度的感性认识。

（4）比较曲柄滑块机构与曲柄导杆机构的性能差别。

（5）观察检测凸轮直动从动杆的运动规律。

（6）比较不同凸轮廓线或接触副，对凸轮直动从动杆运动规律的影响。

二、实验仪器

（1）QTD-Ⅲ曲柄滑块、导杆、凸轮组合机构。

（2）QTD-Ⅲ实验仪。

（3）计算机及相关实验软件。

三、实验原理

图 7-1 所示为实验系统框图，该组合实验装置，只需拆装少量零部件，即可分别构成四种典型的传动系统，分别是曲柄滑块机构、曲柄导杆滑块机构、平底直动从动杆凸轮机构和滚子直动从动杆凸轮机构，如图 7-2 所示。而每一种机构的某一些参数，如曲柄长度、连杆长度、滚子偏心等都可在一定范围内做一些调整，通过拆装及调整可加深实验者对机械结构本身特点的了解，对某些参数改动、对整个运动状态的影响也会有更好地认识。

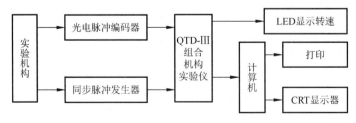

图 7-1　实验系统框图

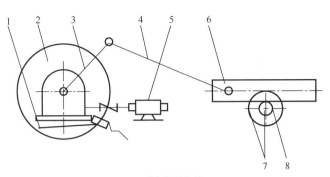

(a) 曲柄滑块机构

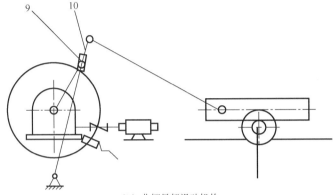

(b) 曲柄导杆滑动机构

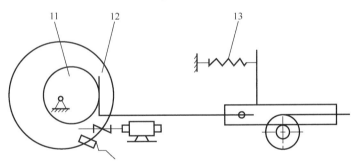

(c) 平底直动从动杆凸轮机构

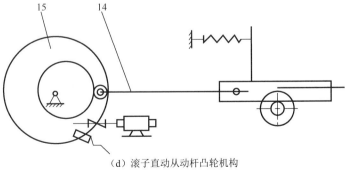

(d) 滚子直动从动杆凸轮机构

图 7-2 实验台四种机构简图

1—同步脉冲发生器；2—涡轮减速器；3—曲柄；4—连杆；5—电机；6—滑块；7—齿轮；8—光电编码器；
9—导块；10—导杆；11—凸轮；12—平底直动从动件；13—回复弹簧；14—滚子直动从动件；15—光栅盘

四、实验步骤

（1）连接各仪器间的连线，确保通信成功。

（2）分别打开计算机电源、实验台电源和实验仪电源。

（3）启动计算机相关教学软件，并进行必要的设置。

（4）根据机构简图拆装机构。

（5）实验仪复位，然后调整实验台转速到规定值。

（6）进行实验，采集数据，计算分析，记录数据。

（7）拆装其他机构，重复实验，直至所有机构全部完成。

图 7-3 所示为计算机软件设置操作流程。

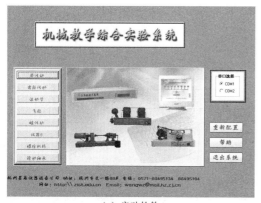
（a）启动软件

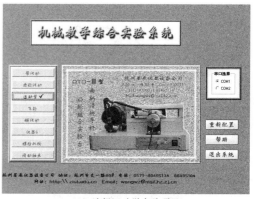
（b）选择运动学实验项目

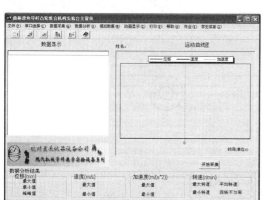
（c）打开运动学实验项目

（d）数据采集界面（需参数选择）

图 7-3　计算机软件设置操作流程

五、注意事项

（1）实验之前，一定要多复位系统几次，以免测量数据不准确。

（2）在未确定拼装机构能正常运行前，一定不能开机。

（3）若机构在运行时出现松动、卡死等现象，请及时关闭电源，对机构进行调整。

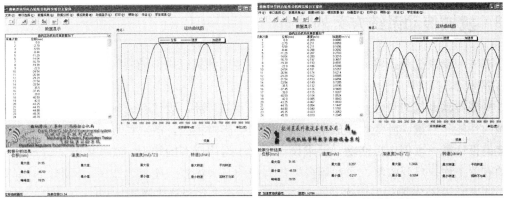

(e)采集数据　　　　　　　　　　(f)计算分析数据

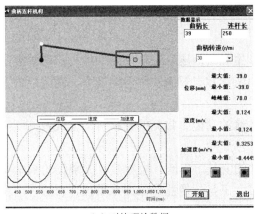

(g)对比理论数据

图 7-3　计算机软件设置操作流程

六、思考题

(1) 采用不同的凸轮廓线或接触副，对直动从动件运动规律有哪些影响？
(2) 比较曲柄滑块机构与曲柄导杆机构的性能差别。
(3) 理论运动线图与实测运动线图有哪些差异？分析其产生原因。

7.3 机械传动系统方案的设计

机械传动系统是指将原动机的运动和动力传递到执行构件的中间环节，它是机械的重要组成部分。

机械传动系统的设计是机械设计中极其重要的一环，设计得正确、合理与否，对提高机械的性能和质量、降低制造成本与维护费用等影响很大，故应认真对待。机械传动系统方案的设计是一项创造性活动，要求设计者善于运用已有的知识和实践经验，认真总结过去的有关工作，广泛收集、了解国内外的有关信息（如查阅文献、专利、标准，同有关人员交谈等），充分发挥创新思维和想象力，灵活应用各种设计方法和技巧，以便设计出新颖、灵巧、高效的传动系统。

一、实验目的

（1）通过实验培养学生观察问题、发现问题的能力；培养学生的发散思维和创新设计能力；提高学生综合利用所学知识解决实际问题能力、动手能力；培养学生协作能力及团队精神。

（2）了解机械动力传输的功能、常见的几种传动方式及其实际应用；认识实验台基本的机械部件。

（3）掌握轴系零部件的安装、拆卸、校准等机械装配的基本技能。

（4）了解各测量仪表、工具的性能，掌握水平仪、百分表、游标卡尺等常用仪器的使用方法。

二、实验仪器

电机两台，三向水平仪（多用型，可测水平、垂直、与水平呈 45°角平面，长度为 230mm）、水平仪（长度为 90mm）、张力测试仪、磁性表座、接触式转速表、百分表（0.01mm/格）、张力测试仪各一个，游标卡尺（0～150mm）、直尺各一把（20cm），塞尺（0.0381～0.635mm）、调整垫片、螺栓、螺母、大小齿轮、传动轴、键、支撑座、联轴器等轴系零件若干，带传动和链传动组件各一套，曲柄摇杆与曲柄滑块机构各一套。

三、实验原理

1. 机械传动系统功能

机械传动系统不仅可以进行运动形式的转换，而且能将原动机的功率和转矩传递给执行构件，以克服生产阻力。除此之外，现代完善的机械传动系统，还具有运动操纵和控制功能，将光、机、电、液有机地组合，借助微机控制，自动实现机械所需要的完整工作过程。

2. 机械传动系统方案设计步骤

（1）拟定机械的工作原理。

（2）执行构件和原动机的运动设计。

(3) 机构的选型、变异与组合。
(4) 机构的尺寸综合。
(5) 方案分析。
(6) 方案评审。

3. 拟定机械传动系统方案的一般原则

(1) 采用尽可能简短的运动链。
(2) 优先选用基本机构。
(3) 应使机械有较高的机械效率。
(4) 合理安排不同类型传动机构的顺序。
(5) 合理分配传动比,运动链的总传动比应合理地分配给各级传动机构,具体分配时应注意以下几点:①每一级传动的传动比应在常用的范围内选取;②一般情况下,按照"前小后大"的原则分配传动比。
(6) 保证机械的安全运转。

四、实验步骤

(1) 根据现有实验组件,拟定机械传动路线,绘出传动路线示意图。

在传动轴、曲柄摇杆机构、曲柄滑块机构、齿轮传动、V 带传动、链传动等机械结构单元中,任选至少三个单元,以用来与其他轴系零部件组成机械传动系统,传动路线图可以参考图 7-4。

(2) 将选定的机械结构单元在实验台上装配成一个有机整体,使之成为可行的机械传动系统。

在装配过程中,注意正确使用各种工具和仪表,保证装配正确、安全可靠。

(3) 装配完成后,检查各装配环节的牢固性和安全性,并手动运转传动系统,确认运动部件的灵活性、有无碰撞、干涉等。

如有问题,必须重新安装、校准。各装配环节的牢固性和安全性非常重要,涉及人身和设备的安全,切记。

(4) 通电,使设备自行运转,观察各零部件的运转状况(振动、冲击、噪声等),探讨所设计传动系统的合理性。

图 7-4 机械传动系统参考

五、注意事项

（1）在未确定拼装机构能正常运行前，一定不能开机。

（2）若机构在运行时出现松动、卡死等现象，请及时关闭电源，对机构进行调整。

六、实验报告要求

（1）说明机械传动系统实现的功能及设计方案制定原则。

（2）绘出整体传动系统的示意图。

七、思考题

（1）安装带传动过程中，紧边应该在上还是在下？为什么？那链传动呢？

（2）在带传动过程中，为防止带过松影响传动，一般要加张紧轮，考虑一下，张紧轮应该加在松边还是紧边？是向内侧张紧还是外侧？

（3）在机械传动系统中，如果同时出现带传动、链传动和齿轮传动时，该如何布置？为什么？

（4）在机械传动系统中，如果同时出现直齿轮传动和斜齿轮传动，该如何布置？为什么？

7.4 CAD/CAM/CAE 综合实验

一、实验目的

通过本综合实验使学生巩固 CAD/CAM 的理论知识,牢固掌握一至两种国际上较为流行的先进 CAD/CAM 软件,树立信息集成等先进制造技术理念,从而领会 CAD/CAM/CAE 技术的精神实质,加深对计算机设计/辅助制造/辅助工程信息集成概念的理解,加深特征参数化 CAD/CAM 建模的认识,掌握 CAD/CAM/CAE 集成技术方法,提高学生动手能力和综合实践能力。

二、实验仪器

计算机及相关 CAD/CAM/CAE 软件。

三、实验内容

该实验由于涉及专业软件较多,因此,需在三维设计和数控车床等课程中一起进行实验,图 7-5 所示为某一零件 CAD 建模及对其进行的 CAE 分析。

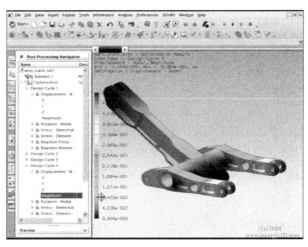

图 7-5 某零件 CAD 建模及 CAE 分析

根据指导教师要求完成零件和机构的特征三维实体建模。主要内容包括如下。

(1) 选用机电产品中的齿轮机构、凸轮机构、机械手、变速箱、电视机、手机、相机外壳等常用机构和零部件完成三维实体建模。

(2) 计算机辅助工程分析和机构运动学分析与仿真。

(3) 数控加工程序的生成及加工过程仿真。

四、思考题

(1) 什么是特征?特征参数化 CAD 建模的特点是什么?

(2) 请谈谈你对统一数字化产品模型在 CAD/CAM/CAE 信息集成中的重要性的认识。

(3) 结合通过本次综合实验谈谈你对信息技术在先进制造技术中的地位的认识。

7.5 机器人设计与制作综合实验

学生运用已学的机械设计基础、工业机器人、机电传动控制、电工电子技术等课程的相关知识，阅读相关机器人课程，根据教师拟定的一些设计题目或学生自选题目，设计并组装一个机电一体化机械系统。

进行机械组件和电气组件与电机的连接，输入并运行程序，记录参数，分析结果，培养学生在机电一体化技术的工程应用方面分析与解决问题的综合能力。

一、实验目的

使学生了解机器人和机电一体化技术基本原理，了解和掌握机器人和机电一体化技术的基本知识，使学生对机器人和机电一体化技术有一个完整的理解。培养学生机电一体化设计的能力。

二、实验条件

实验室具有若干成套的机器人组件、计算机、通信线、连接线、相关软件包等必需的设备和工具，确定已进行过调试和试运行后，方可进行本实验项目的实施。

三、实验原理

1. 实验要求

（1）学生在实验课前必须认真预习教科书与实验指导书中的相关内容，为实验做好充分准备。

（2）要求学生综合利用前期课程及本门课程中所学的相关知识点，了解电机安装与使用的基本知识，学习电机控制技术、机电传动控制、电工电子技术等课程的相关内容，培养学生在机电一体化技术方面综合分析与解决实际问题的能力。

2. 需要具备专业知识

（1）机器人技术课程综合。

① 机器人原理。

② 机器人的技术参数。

③ 机器人的机械部分。

④ 机器人的控制部分。

（2）机电一体化技术等课程综合。

① 机械原理。

② 机械元件的选择。

③ 传感器的选择。

④ 电机的运行。

⑤ 控制系统的基本构成，通信连接。

⑥ 相关软件程序设计。

四、实验步骤

以慧鱼机器人为例。

1. 阅读慧鱼机器人说明书

根据慧鱼机器人说明书的内容,了解相应慧鱼机器人的基本结构、工作原理、包含的组件等。

2. 确定慧鱼机器人的组件

根据已有的器材,指定几种组装方案,由学生利用机电一体化手段,为实现机器人的动作,确定需要选用的不同的机构和传动装置(如连杆与凸轮、行星传动与蜗杆传动等)。

3. 慧鱼机器人的机械和电气组装

首先进行机械构件的组装,机械构件装配时要确保构件到位,不滑动;然后进行电子构件的装配,电子构件装配时要注意电子元件的正负极性,接线稳定可靠,没有松动;最后,对整个模型进行整体布线调整,整个模型完成后还要考虑模型的美观,整体布线要规范。

4. 慧鱼机器人运动程序的编制

由教师给定组装后不同慧鱼机器人要实现动作及其运动速度和轨迹等参数,利用LLWin3.0软件编制相应程序,通过RS-232串口把控制程序下载到慧鱼机器人上的单片机中。

5. 运行程序,记录参数,分析结果

根据试运行情况,反复进行调试,直到达到教师给定的相应参数,确认无误后进行相应数据的记录,并分析结果。

五、思考题

(1)机器人的主要技术参数有哪些?
(2)机器人组装与调试过程中应注意哪些问题?
(3)机器人中单片机选择注意事项有哪些?
(4)简述机器人的基本组成。

参 考 文 献

[1] 刘莹，邵天敏. 机械基础实验技术[M]. 北京：清华大学出版社，2006.
[2] 刘莹. 机械基础实验教程[M]. 北京：北京理工大学出版社，2007.
[3] 管伯良. 机械基础实验[M]. 上海：东华大学出版社，2005.
[4] 金增平，许基清. 机械基础实验教程[M]. 北京： 化学工业出版社，2009.
[5] 朱文坚，何军，李孟仁. 机械基础实验教程[M]. 北京：科学出版社，2007.
[6] 秦小屿. 机械基础实验教程[M]. 成都：西南交通大学出版社，2014.
[7] 赵又红，谭援强. 机械基础实验教程[M]. 湘潭：湘潭大学出版社，2013.
[8] 金增平. 机械基础实验[M]. 北京：化学工业出版社，2013.
[9] 徐名聪. 机械基础实验教程[M]. 北京：中国计量出版社，2010.
[10] 刘少海，刘军明. 机械基础实验教程[M]. 徐州：中国矿业大学出版社，2008.
[11] 喻全余. 机械基础实验指导书[M]. 上海：上海交通大学出版社，2014.
[12] 李瑞芬. 机械基础实验教程[M]. 哈尔滨：东北林业大学出版社，2011.
[13] 何克祥. 机械设计基础实验指导[M]. 重庆：重庆大学出版社，2004.
[14] 姚伟江，李秋平，陈东青. 机械基础综合实验教程[M]. 北京：中国轻工业出版社，2014.